Oezbekistan

Ada Rosman-Kleinjan

Oezbekistan

Een wereld in mozaïek

Foto voorkant: de Kalta Minor minaret in Khiva
Foto achterkant: selfie in Samarkand

Wombat reisboeken
www.adarosman.nl / info@adarosman.nl

Verlag: BoD · Books on Demand GmbH,
In de Tarpen 42, 22848 Norderstedt, bod@bod.de
Druck: Libri Plureos GmbH, Friedensallee 273,
22763 Hamburg

ISBN: 978-3-7693-2886-8
NUR 508

Fotografie: Jan Rosman
Landkaart en omslag: Wim Wisman
Opmaak binnenwerk: Wim Wisman / Ada Rosman-
Kleinjan
Taalredactie: Rinus Morsink
Verhaalredactie: Anika Redhed

Inhoud

'Hoe ver je reist, heeft niets met afstand te maken'

'Hoe ver je reist, heeft niets met afstand te maken'

Finland
Zweden
Noorwegen
Rusland
Polen
Duitsland
Oekraïne
Oezbekistan
Italië
Turkije
Irak
Afghanistan
Khiva
Tashkent
Boechara
Samarkand

Overstap in Istanbul. Mijn telefoon trilt, er popt een onbekende naam op. Mijn nieuwsgierigheid wint het van mijn terughoudendheid om onbekende appjes te openen.

Hello, my name is Siroj, I am driver . We have received a transfer reservation from the airport to the hotel under your name. I will be waiting for your from the main exit under the canopy with a sign with your name on it. If you are using CIP or VIP exit, kindly inform us in advance. Flight number. My phone number is +99...

Miljonairs in Tasjkent

'We moeten even in die ene tas kijken,' zegt de douanebeambte op vriendelijke toon. 'Zit daar een drone in?'

Hij draait zijn computerscherm naar Jan en wijst aan wat hij bedoelt. Jan schiet in de lach.

'Dat is een stekkerblok. Dat nemen we altijd mee op reis omdat er zo veel opgeladen moet worden.'

De man vindt het een briljant idee. Wij ook.

We lopen het vliegveld af en onze ogen speuren tussen alle bordjeszwaaiende mensen naar Siroj en hebbes, we spottten de juiste man. Een man gekleed in een nette spijkerbroek en een strak wit T-shirt over een bollende buik houdt een papier in zijn handen waar de naam Jan Rosman op staat. Mm, heb *ik* alles geregeld, staat *Jan* zijn naam op het papier. De wereld kan nog steeds een beetje emancipatie gebruiken.

Na een ritje van een kwartier zijn we bij het Alliance Hotel, waar we ons bij de balie melden. De meubels in de lobby zijn lomp, met zilverachtige bekleding, grote houten ornamenten met een vleugje goudkleur, dikke, ronde kussens en grote leuningen. Heerlijk.

'Ja, we verwachten jullie en nee, de kamer is nog niet klaar. We hebben het liefst dat u in sum betaalt. Hier om de hoek is een ATM,' zegt de man achter de balie. 'Ook kan ik jullie een simkaart verkopen. Betaal alles maar in één keer als je straks geld hebt.'

Perfect. De kaarten zijn snel geregeld. We lopen naar het pinapparaat en een paar tellen later zijn we miljonairs. Voor ruim 225 euro heb ik drie miljoen sum. Mijn portemonnee wil niet meer dicht. Rijkdom kent zo zijn problemen.

'Kijk straks even naar rechts. Die Chinese man doet niets anders dan foto's van ons maken,' zegt Jan.

Zo gauw ik opkijk, kijkt de man nonchalant de andere kant uit. Tijdens onze reis door China, vooral in die delen van het land waar niet veel westerse toeristen komen, werden we gevraagd en ongevraagd op de foto gezet, kreeg ik baby's in mijn handen geduwd, sloegen giechelende tienermeisjes hun armen om me heen en werd ik zo gemanoeuvreerd om dé perfecte foto te kunnen maken. Dit vaak tot groot plezier van Jan, die daar weer foto's van maakte.

We betalen het hotel en de telefoonkaarten, laten de bagage achter bij de receptie, wandelen het terrein af en gaan op het eerste terras zitten dat we zien. De koffie voldoet aan onze eisen. In het melkschuim zijn mooie patronen gemaakt: een hartje voor mij, een bloemblaadje voor Jan. We zitten goed en de camera's maken de eerste foto's. Je krijgt nu eenmaal maar één keer een eerste indruk en dat dient vastgelegd te worden. In dit restaurant annex slagerij annex bakkerij valt veel te fotograferen. Langwerpige, donkere worsten met dikke stukken geel vet zijn met haken aan het plafond bevestigd en hangen als slangen naar beneden. De uiteinden zijn met touw dichtgeknoopt. Eerlijk ambachtswerk. Erachter hangen grote stukken vlees. Een vrouw veegt met een bezem alles aan; het stof dwarrelt naar boven.

'Schapenvlees,' zegt een man die ons ziet kijken.

Ik speel op veilig, laat de slagerij links liggen en ga naar de bakkerij en zoek twee taartjes uit. Een kikkergroene en iets van chocolade met veel nootjes. Gewoon omdat deze er het leukst en het kleurigst uitzien. De schuimgebakjes zijn in laagjes opgebouwd en vormen een regelrechte uitdaging om fatsoenlijk op te eten. We falen ernstig, kruimelen onszelf, de tafel en de vloer onder. Het is te zoet, te veel en te lekker. Zelfs een zoetekauw als Jan lukt het niet alles op te eten.

Er loopt veel personeel rond, waarvan de mannen en de jongens een *kufi* dragen. Deze halfronde mutsjes zonder rand, worden strak om het hoofd gedragen en zijn populair bij moslimmannen.

Met een lichaam en geest vol calorieën hebben we genoeg energie om een wandeling te maken. Op een muur is een tekening gemaakt van een man met een kromme rug die een loodzware zak draagt waar in het zwart het woord *corruption* op is geschreven. Voor een gebouw staat een pergola, waar grote, plastic aardbeien als eikels in een boom zachtjes heen en weer wiegen. We passeren een koffiezaakje, waar ze maar liefst 38 soorten koffie kunnen maken. De keuzes op reis zijn soms te groot… We gaan terug naar het hotel waar onze kamer klaar is.

'Jullie hebben je eigen badkamer die je met niemand hoeft te delen,' zegt de man die ons naar de kamer brengt op een toon alsof we iets bijzonders krijgen.

Ja, dat lijkt me normaal.

'Kijk, dit is kamer 204, die is voor jullie en die deur is van de badkamer, helemaal voor jullie alleen,' gaat hij verder en wijst naar een andere deur in de gang.

Die kenden we nog niet. Onze kamer is bescheiden met een groot bed, een bureau, een kast, geen stoel maar wel een schoenlepel! De man is zo vriendelijk om een stoel te brengen. Dat een tweepersoonskamer over het algemeen maar één stoel heeft vinden we na jaren van reizen doodgewoon. Maar, geen stoel vind ik ronduit vreemd. Ik loop naar de badkamer die royaal is met dikke handdoeken en kleine flesjes waar ik altijd blij van word. We kunnen onze toiletspullen hier laten staan; want alleen *wij* hebben een sleutel.

We lopen het hotel uit en gaan op zoek naar een restaurantje of iets anders waar we kunnen eten.

'In deze zijstraat zag ik een lokaal restaurant. Zullen we daar gaan eten?' stel ik voor. 'Het is dichtbij.'

Zo langzamerhand slaat de vermoeidheid toe; een lange vlucht en een paar uur tijdsverschil eisen hun tol. We zijn er snel. Een paar mensen zijn aan het eten en we gaan zitten.

'Mogen we de menukaart,' weten we de man duidelijk te maken die met de telefoon in zijn hand naar ons toe komt lopen.

Menukaart? Daar doen ze hier niet aan en waarschijnlijk hadden we het toch niet kunnen lezen. De man scrolt op zijn telefoon en laat een foto zien van witte ballen in een melksaus. Dat kan ie voor ons maken. Ik knik dapper, hoewel ik gruwel van melk. Even later wordt ons een bord gebracht. We maken een foto en gaan op zoek naar meer informatie. Het zijn *dumplings, shish Barak*. Het is van oorsprong een Libanees gerecht, gemaakt van deeg en gevuld met gehakt en kruiden. Het wordt eerst gebakken en dan gaan de dumplings in een warme, crème-achtige yoghurtsaus. Ik eet de ballen met smaak op en laat het witte vocht staan.

Duizend abrikozenbomen

Tasjkent is met ruim twee miljoen inwoners de grootste stad van dit land en zelfs van heel Centraal-Azië. Men gaat ervan uit dat ze in de eerste eeuw voor Christus is gesticht. Men noemde de stad Ming Oeroek dat 'Duizend Abrikozenbomen' betekent. In de elfde eeuw kreeg het de huidige naam. *Tasj* betekent steen en *kent* fort. Het Stenen Fort. Een mooie naam maar minder poëtisch dan Duizend Abrikozen. In 1924, tijdens de Russische overheersing, werd de toenmalige hoofdstad Samarkand vervangen door Tasjkent en dat is sindsdien zo gebleven. Ik lees nog verder. In 1966 werd het door een grote en verwoestende aardbeving getroffen. We weten genoeg om op verkenning te gaan.

'Wat kost een taxi naar het centrum?' vragen we aan de man achter de balie.

We hebben geen idee van prijzen. Taxi's zijn niet te onderscheiden van andere auto's en om er zo maar willekeurig een aan te houden, lijkt ons niet verstandig. Op een uitzondering na zijn alle auto's wit en schoon, erg schoon.

'Oh, ik bel er eentje voor je,' antwoordt de man.

Binnen een paar minuten komt er een witte wagen voorrijden en na twee minuten stappen we uit bij de grote bazaar Chorsu die in het oude deel van de stad ligt. Dat hadden we kunnen lopen.

Het grote gebouw ligt als een halve koepel in de stad. De deuren staan open en tegen grauwwitte muren hangen tapijten, kleden en lange jassen. Stoelen die op sterven na dood zijn bieden een zetel voor de verkopers.

Blauwe patronen op de koepels wedijveren met de blauwe hemel. Een minibusje rijdt voorbij met een kast op het dak. Het dak is te klein of de kast te groot?

Auto's staan zo dicht mogelijk bij de ingang geparkeerd. Twee mannen zitten gehurkt op de stoep met plastic tassen vol boodschappen naast zich. De handel begint buiten al. Op een platte kar liggen zakken vol hompen vlees, kolen, appels en tomaten en in witte schalen liggen de roodste en de grootste aardbeien die ik ooit zag. Bloemkolen, witte kolen zo groot als voetballen wachten op kopers. Op een onderstel van een kinderwagen staat een houten dienblad waar vers gebakken broden, in de vorm van reuzendonuts, op liggen. Paprika's liggen als opgepoetste stoplichten netjes opgestapeld naast elkaar.

Overal wordt gekookt, gebraden en gebakken. Een vrouw, grote ringen in haar oren, maakt dumplings. Vers geraspte wortels en rode bieten liggen als molshopen op schalen. Mensen eten gehaast een snack of een complete maaltijd. Op deze bazaar is genoeg te eten en te drinken. Voor koffie moeten we wat meer moeite doen. Na enig zoeken vinden we een zaakje waar de koffie heet, zoet en verrassend lekker is. Suiker gaat er standaard in.

Het is gezellig. We worden door iedereen met rust gelaten en we mogen overal foto's van maken. Wat een verademing, meestal willen mensen dat niet.

Zes plastic vrouwenhoofden tonen de laatste hoofddoekenmode en in hete olie worden platte bollen gebakken. De vrouw pakt een klont deeg, slaat het plat en hup in het vet. Plastic bakken zijn gevuld met felgekleurde kruiden die als piramides zijn opgebouwd. In platte, rieten mandjes liggen dertien verschillende soorten 'Mountain Tea' als een boeket samengesteld. Rode, oranje, en gele bakken zijn gevuld met rijst, bessen en noten. Onze ogen maken overuren.

Een vrouw in een lange, zwarte jas en met hoofddoek legt tomaten, die al strak in het gelid lagen strak in het gelid. Geglazuurde borden hangen aan een witte wand. Afbeeldingen van moskeeën overheersen. Het aardewerk is ronduit schitterend met verschillende patronen in alle kleuren van de regenboog. Aardewerken mannen en vrouwen houden producten in de handen die hier worden verkocht. Ze zijn allemaal stevig opgemaakt en hebben dikke wenkbrauwen. De mannen dragen zonder uitzondering een forse snor en hebben een lach van oor tot oor op hun stenen gezicht. Het ziet er vrolijk uit. Eieren liggen gesorteerd opgestapeld, kleur bij kleur, grootte bij grootte.

We gaan ergens zitten om wat te eten. Een vrouw stuurt met luide stem het personeel aan. Zonder te vragen zet ze een schaaltje met rauwe uienringen voor ons neer. Jan bestelt een vleesspies. Een pot thee en twee kommen worden er ongevraagd naast gezet. Het hoort allemaal bij het vleesspiesmenu. Nog een rond brood erbij en dat is meer dan we samen op kunnen.

'Mag ik hier zitten?' vraagt een vrouw.

'Natuurlijk, kom erbij.'

Ze eet haar warme snack op, knikt ons toe, betaalt en weg is ze alweer.

De vleesbezorger komt een nieuwe lading spiesen brengen. Een sigaar hangt uit zijn mond. De meesten laten dat wat ze niet op kunnen inpakken maar dat lijkt ons geen goed idee. Wij laten de rest op tafel staan en volledig aangesterkt gaan we verder.

Naast de trappen zijn rails aangelegd waarop de mannen hun karren naar boven of naar beneden duwen. De broodverkoper knikt minzaam naar mij en wil op de foto. Hij gaat rechtop staan, kijkt serieus in de camera en is bijzonder te spreken over het resultaat. Ik ook.

'Oh, daar wil ik even tussen kijken,' zeg ik en loop naar een vrouw die telefoonhoesjes verkoopt.

Wat een keuze: veel popperige afbeeldingen, glitters en kitsch. Ik zoek de meest foute uit die ik te leuk vind. Goudkleurig met bewegende glitters van roze rondjes en hartjes Wanneer iets erg fout is, wordt het mooi en snel haal ik de oude saaie eraf en de nieuwe gaat er strak om. Jan kijkt er met een schuin oog naar.

Vol van alle indrukken, kleuren en geuren lopen we naar buiten waar de gezelligheid en de prettige sfeer doorgaan.

Een oudere vrouw staat bij een weegschaal. Een passerende man stopt, stapt erop, leest zijn gewicht, betaalt tweeduizend sum en loopt verder. Er komt een jong echtpaar aan lopen met een jochie van een jaar of drie. Ze zien ons en stoppen.

'Waar komen jullie vandaan?' vraagt de man.

'Holland, the Netherlands. Holland ken ik, maar the Netherlands niet. Ik heb gelezen dat jullie gemiddeld 84 jaar oud worden. Dat redden wij niet. De gemiddelde leeftijd is hier 74 jaar. Wij eten veel te veel. Mannen krijgen allemaal na hun dertigste een dikke buik. Jullie hebben overal apotheken; dat heb ik ook gelezen,' gaat de man verder.

We knikken en zijn diep onder de indruk waar we als Holland indruk mee hebben kunnen maken. We bedanken elkaar voor het gesprek en wandelen verder.

Een forse vrouw, hoofddoek om, gouden ringen in haar oren en een bidketting in haar hand, zit op een krukje tussen de producten die ze verkoopt. Vijf liter flessen met olie, blikjes en veel zeeppoeder. Een verkoopster zit op een omgekeerd krat en verkoopt aardbeien, kleine komkommers en groene vruchten die op limoentjes lijken. Vrouwen keuren alles voordat ze tot een aankoop over te gaan. Inkopen is een serieuze zaak.

Een groot zandkleurig gebouw vraagt om onze aandacht. Bogen, nisjes en tegels, tegels en oh ja, nog meer tegels. Tegels die in prachtige mozaïeken zijn verwerkt. De blauwe luchten en een verdwaalde wolk zorgen voor een passende omlijsting. Het is een madrassa, een koranschool. Deze madrassa, Koladash, gebouwd in de zestiende eeuw, behoorde tot een van de beste scholen in dit land en staat er nog prima bij. Het is bijzonder om te zien hoe verfijnd grote gebouwen eruit kunnen zien. De torens zijn allemaal bewerkt met patronen van mozaïeken waarbij de kleuren blauw, groen en aqua overheersen. Op sommige staat een glimmende goudkleurige halve maan.

Twee vrouwen staan te kletsen. De jongste heeft een groot boeket bloemen in een hardroze verpakking in haar handen.

'Mag ik een foto maken?'

Ja, dat mag, knikken de dames.

De oudere pakt snel de bos uit de handen van de jonge meid en gaat stijf rechtop staan. De jonge vrouw staat erbij en kijkt beteuterd naar haar lege handen. Ik maak snel een foto.

Taxi's, stenen en tegels

De taxiwereld is hier een mysterieuze wereld. Af en toe zien we een wagen met een geel taxibordje. Uit veel gewone auto's stappen mensen, betalen de chauffeur en gaan huns weegs. Zij fungeren als taxi, pikken een klant op als die toevallig dezelfde richting uit moet, of als de chauffeur zin en tijd heeft in een ritje. Wij zijn snelle leerlingen, lopen naar de doorgaande weg, steken onze hand op en na een paar minuten stopt er een wagen.

Het is maar een ritje van drie kilometer en dan zijn we bij het Mustakillik Square waar ons spuitende fonteinen en Timur zittend op zijn paard zijn beloofd. De fonteinen spuiten niet, het water is verdwenen maar Timur op zijn paard is niet te missen. Hij was een belangrijke man en dat vereist een bezoek van ons.

Het beeld werd in 1993 gemaakt in opdracht van de eerste president van de republiek Oezbekistan; Islam Karimov. Timur was volgens alle verhalen een Mongoolse krijgsheer met een twijfelachtige reputatie. Hij leefde van het eind van de veertiende eeuw tot begin van de vijftiende eeuw. Zijn naam kreeg naast Alexander de Grote en Dzjengis Khan een plek in de geschiedenis. Hij was een militair genie, verloor blijkbaar nooit een veldslag en voerde zijn hele leven oorlogen. Wanneer hij eenmaal een gebied had veroverd moest hij het later dikwijls weer heroveren, omdat er geen regeringen in die gebieden werden opgezet en de bevolking in opstand kwam. De heroveringen gingen gepaard met extreme wreedheden zoals het bouwen van torens met afgehakte hoofden. Ik moet het een paar keer lezen voordat het tot me doordringt. Zijn leger zaaide dood en verderf van West-Europa tot China. Hij was berucht en gevreesd. Tijdens zijn veldslagen kwamen maar liefst zeventien miljoen mensen om het leven. Hij was de stichter van het Timuridische Rijk dat strekte van Turkije tot het Midden-Oosten. Tja, en dat verdient dus een groot beeld van een man op een stenen paard dat weer boven op een stenen lijkkist staat. Pas na de onafhankelijkheid van Oezbekistan kwam er meer aandacht voor alles wat deze man had gedaan. Omdat eeuwen geleden, onder zijn bewind, het Oezbeekse rijk bloeide en groeide, wordt hij nu als een held beschouwd. Maar goed, soms moet je als reiziger iets afvinken. Ik kan, wil en hoef niet alles mooi te vinden. Laat staan dat ik er een mening over hoef te hebben.

In het gras staan drie grote, stenen kruiken, eentje ervan ligt op de grond waar een geel bloemenperk als een waterval uitstroomt. Een mooie, liefelijke tegenhanger voor de stenen man op zijn stenen paard. Vrouwen liggen op hun knieën om gras, dat er niet is, met een mesje tussen de tegels uit te peuteren. Een andere vrouw, gekleed alsof ze een zware sneeuwstorm moet trotseren, is bezig om met zwarte verf een metalen hek bij te schilderen. Over haar lange jurk draagt ze een oranje hes, op haar hoofd met hoofddoek staat een oranje zonneklep. Het is opvallend hoeveel mensen op het eerste oog nutteloos werk doen. Is dit nu verborgen werkloosheid? Zoals in de 'goede' communistische tijd waarin iedereen een baan had?

Een stenen man zit met zijn hoofd gebogen, handen gevouwen, in gedachten verzonken op een verhoging voor een brandende vlam. Voor zijn voeten ligt een bos bloemen. Grote bogen staan strak tegen de blauwe lucht. Op een zilveren wereldbol staat een vogel.

Bij de ijsjesverkoper staan de ijshoorntjes in elkaar als een bos bloemen in een plastic emmer. Wij gaan liever op zoek naar een cappuccino en zien snel een koffie-verkoper die verschillende soorten koffies aanbiedt; we krijgen er een klein zandkoekje gevuld met Nutella bij.

We lopen verder naar het giga-grote Uzbekistan hotel dat er aan de voorkant uitziet als een honingraat en maar liefst driehonderd kamers heeft. Dat betekent dat ze de gasten niet allemaal kennen. Zelfverzekerd stappen we naar binnen en gaan op zoek naar het sanitair waar ik graag gebruikmaak van de nette toiletten.
Er is een grote souvenirwinkel. Bij de ingang staat een guitig lachend beeld van een man met een witte baard, bolle buik en opvallend dikke, zwarte wenkbrauwen. Een moslimpetje bedekt zijn hoofd. Het aarde-werk in de winkel is prachtig met lachende stenen mannen en een kramieken ezel met kar die een zout en pe-perstel vervoert. Vijf mannen op leeftijd zitten in een ronde keramieken cirkel, lezen de Koran, hebben allemaal een grijze baard en alle tijd van de wereld. Ooit zal er een klant deze winkel binnenlopen en de heren meenemen.
We wandelen verder en kopen een metrokaartje omdat we eens met eigen willen zien of het onder de grond mooier is dan erboven. Het lawaai is oor-verdovend en alle dampen die er rondhangen zijn een aanslag op onze gezondheid. De ooit witte muren zijn letterlijk bevlekt met vochtplekken. Over een trapleu-ning heeft de schoonmaker een natte dweil te drogen gehangen. Mensen wachten op hun metro en een klas schoolmeisjes wacht ongeduldig tot ze in kunnen stap-pen. De sfeer van het oude Rusland zweeft rond. De lampen zijn groot maar de glans is verdwenen. Voordat we naar buiten gaan lukt het ons om een paar foto's te maken die de indruk geven dat het er mooi is.

Bij de ingang zit een mevrouw achter een tafel; ze verkoopt moslimpetjes, lange jurken en ik zie oorbellen. Automatisch loop ik ernaartoe. Hebbes. Ik pak een setje blauwgrijze, een kleur waar ik al langere tijd naar op zoek was en de koop is snel gesloten. Ze lacht vriendelijk naar mij en laat zo haar gouden tanden zien. Het glimmende goud kan niet verhullen dat er een voortand ontbreekt maar dat heeft geen invloed op haar lieve lach en met een dikke knuffel nemen we afscheid van elkaar. Gouden tanden zijn een teken van welstand én men vindt het gewoon mooi. Heb je niet de mooiste tanden? Een gouden laagje zorgt voor een verzorgd gebit.

De weg naar Samarkand

Op goed geluk hebben we gisteren een accommodatie geboekt in Samarkand - ons doel voor vandaag - dat er op de plaatjes leuk uitzag. We zien wel hoelang we er blijven. Dat is het leuke en makkelijke van een site als Booking. Kijken, klikken en boeken. Geen lang vantevoren vastgelegde verplichtingen en niet te ver vooruit kijken. De terugreisdatum staat vast, de rest is aan ons om in te vullen. Het is echter wel handig om in een vreemde stad een adres te hebben waar een kamer voor ons is gereserveerd.

De taxi brengt ons snel naar het autoverhuurbedrijf Sixt. We stellen ons voor en ja, we staan in het systeem. In Nederland hebben we alles geboekt en betaald en dan is het prettig om te zien dat het klopt. We moeten nog even geduld hebben. Geen probleem. De koffiezaak naast Sixt, The Break, verkoopt een lekkere cappuccino en er valt altijd genoeg te kijken.

Na een half uurtje lopen we terug. Er staat een Chevrolet voor ons klaar met de deuren wagenwijd open, alsof ie ons van harte uitnodigt om in te stappen.

'We zijn aan het verhuizen naar het pand hiernaast. We hebben een vloot van negentig auto's,' legt de vrouw op vriendelijke toon uit.

Ze neemt alles met ons door. Ze praat perfect Engels op een beschaafde, zachte toon.

'Dit kaartje is belangrijk. Wanneer de politie je aanhoudt moet je dit kunnen laten zien,' gaat ze verder. 'Maar ze kunnen zelden Engels en doen niet moeilijk,' komt er op een geruststellende toon achteraan. 'De tank is niet vol en zo kun je hem weer inleveren.'

'Mogen we met de auto de grens over? vraagt Jan.

Het meisje schudt haar hoofd: 'Dit bedrijf heeft ervoor gekozen om alleen in dit land te verhuren.'

We hebben tevens een prima verzekering en mogen zo veel kilometers rijden als we willen. De deukjes en krassen worden zorgvuldig genoteerd, alle bagage verdwijnt in de kofferbak en Jan rijdt het terrein af en de stad uit.

Met een goed gevoel beginnen we aan onze roadtrip. Als verkeersdeelnemer krijg je een andere kijk op de wereld om je heen. Overal wordt gebouwd en enorme hijskranen staan als giraffes tussen hoge gebouwen.

'Laten we maar direct tanken. We hebben geen idee hoe veel tankstations er zijn en hoe ver ze van elkaar verwijderd zijn,' zeg ik, altijd bang om ergens te stranden met een lege tank.

Bij het brandschone tankstation Miss, in gele en oranje kleuren, wordt de tank vol gedaan door een lachend meisje. Jan betaalt grijnzend de prijs van omgerekend zeventig cent per liter.

Het verkeer is een feestje. Men rijdt niet buitensporig snel, maar iedere chauffeur heeft zijn eigen regels. We worden aan alle kanten ingehaald. Vrachtwagens zijn zwaar beladen, de helft van de lading steekt eruit en wordt door een paar banden vastgehouden. Een grote tractor met twee aanhangwagens is topzwaar met groenafval. Op de achterkant van de aanhanger waarschuwt een bord voor werk in uitvoering… Fietsers rijden aan de randen van de weg en tegen het verkeer in en mensen steken gehaast de weg over. Het asfalt is plat met af en toe een fiks gat om ons bij de les te houden. Er loopt een man voorbij, een grote zak met lege flessen op zijn gebogen rug. En dan zien we de naam

Samarkand op de borden verschijnen. Altijd een bijzonder moment om een historische naam op een verkeersbord te zien.

Het is aardbeienseizoen. Overal staan vrouwen achter wankele tafeltjes die bijna bezwijken onder de grote schalen met fruit. Soms heeft men er een klein winkeltje van gemaakt met een parasol en iets om op te zitten, terwijl een ander alleen een schaal met vruchten heeft. Af en toe steekt een vrouw snel de weg over om een praatje met de overbuurvrouwverkoopster te maken.

'Kijk, dat is dé perfecte plek voor onze eerste straatkoffie,' wijs ik naar een leeg tafeltje waar warempel een kleedje op ligt, het lijkt een stuk vloerbedekking.

Jan parkeert de wagen en met onze koffiespullen en stroopwafels lopen we naar de gereedstaande tafel. De koffie is snel klaar en ik loop naar de aarbeienvrouw waar ik een bak met vruchten koop en haar trakteer op een koek die ze graag aanpakt. Zorgvuldig zoekt ze een schaal met de mooiste, de roodste vruchten uit. Ik bedank haar en krijg twee stevige zoenen op mijn wangen als afscheid voordat ik terugloop.

We kijken elkaar tevreden aan. In de loop van jaren reizen hebben we zo onze eigen rituelen. Een kleine waterkoker gaat mee zodat we overal water kunnen koken, natuurlijk een thermos en voor de eerste langs-de-weg-koffie altijd een pak Hollandse stroopwafels. Wat is het genieten zo aan de kant van de weg. Het verkeer dat altijd de moeite van het bekijken waard is en de inzittenden van alle voertuigen vinden dat van ons. De eerste straatkoffie is een feit: we kunnen weer verder. Ik ruim alles op, even zwaaien naar onze buurvrouw en we kunnen verder naar Samarkand.

Het is in totaal een afstand van ruim driehonderd kilometer, waar we de hele dag voor hebben uitgetrokken.

De omgeving is niet bijster interessant, maar onze me-
deweggebruikers des te meer. Het is druk op de weg,
het gaat niet hard, er valt veel te kijken, te genieten en
te fotograferen. Een man met twee zakken als een juk
over zijn schouders, loopt in de berm. De meeste
voertuigen zijn wit waarvan sommige zwaar beladen.
Een vrachtwagen vol zand staat geparkeerd in de berm.
Op de borden verschijnen namen als Qasqadaryo,
Navoix, Surxondaryo en Nukus ligt op een afstand van
1052 kilometer lees ik. Dat maakt ineens weer duidelijk
hoe groot het land is. Regelmatig rijden we over geel-
witgestreepte zebrapaden. Op de middenbermen staan
levensgrote, kartonnen afbeeldingen van mensen als
waarschuwing om het verkeer te attenderen dat mensen
over kunnen steken.

De reiziger hoeft niet om te komen van honger of dorst.
Overal zijn winkeltjes, koffiezaakjes en kleine cafeetjes
waar iets te drinken en te eten is. Jan stopt bij een
somsabakker waar een nors kijkende man de scepter
zwaait. Somsa's zijn ronde broodjes van bladerdeeg,
gevuld met een mengsel van gehakt en kruiden of
groente. Ze worden aan de binnenkant van een ronde
oven, die het meeste wegheeft van een cementmolen,
gebakken. Het is een populair broodje in Centraal-Azië
en vult de maag goed. De man zet het voor ons neer
met één goudkleurige vork als bestek. Het wordt een
hele uitdaging om dit fatsoenlijk op te eten. Gelukkig
zitten we buiten.
 'Toilet?' vraag ik.
 De man wijst nonchalant naar achteren waar ik in de
woonkamer beland waar een meisje zit. Zij is behulp-
zamer en helderder in haar aanwijzingen. Ik heb een
donkerbruin vermoeden wat me te wachten staat en
neem mijn telefoon mee. Ik duw de deur open. Een gat
in de grond met zeven tegels eromheen. Drie tegels die

een paadje vormen naar het gat in de vloer en twee tegels aan weerszijden waar je je voeten op kunt zetten. Wat ben ik weer blij dat ik altijd een rok of een jurk draag. Het toiletpapier lijkt gemaakt te zijn van oude cementzakken. Al met al een foto waard. De eerlijkheid gebiedt me om te zeggen dat ik het erger heb gezien en denk aan dat ene busstation in Ghana. Wanneer ik buiten ben en om mee heen kijk zie ik een leuk wasje hangen. Aangestoken door mijn schrijfvriendin speur ik tegenwoordig ook naar leuke wasjes die een foto waard zijn. Met een volle maag en lege blaas reizen we verder.

We rijden door dorpjes waar moskeeën hun azuurblauwe koepels de lucht insteken en oranje gekleurde flats langs de snelweg staan. Ezels en koeien grazen aan de kant van de weg hun maaltijd bij elkaar en honden spelen in het gras. Ooievaars staan op nesten op hoge palen. Voor ons rijdt een wagen met knipperende lichten; hij begeleidt een bijzonder transport van windmolens. Er zijn heel wat vrachtwagens nodig om één molen in losse onderdelen te vervoeren. De wieken klapperen als de vinnen van een zeehond op en neer. Wanneer we dicht bij de stad komen, doemen er ineens met sneeuw bedekte bergen op.

Nog een laatste koffiestop voor we de stad binnenrijden. Is normaal koffie bestellen in welk land dan ook makkelijk, het woord lijkt in veel talen op elkaar, hier zorgt het voor verbaasde gezichten. Ik spreek het verkeerd uit en mensen snappen niet wat ik bedoel. Ik maak een foto van een reclamebord voor koffie. Het ei van Columbus. Ik laat het plaatje zien en behulpzame handen wijzen in de richting naar een zaakje aan de kant van de weg. Aha, dat bedoel je, hoor ik ze denken. We lopen naar binnen en laten het koffieplaatje zien; de vrouw knikt en lacht. We gaan buiten zitten en niet veel later zet ze twee glazen gevuld met *kofe* voor ons neer. We genieten van het hete vocht en alles wat voorbij komt. Ik betaal, groet de vrouw die lief teruglacht en we zijn helemaal klaar voor de laatste kilometers naar onze bestemming.

En dan rijden we na een lange dag de historische stad in. Met behulp van onze navigatie weten we snel ons onderkomen voor de volgende dagen te vinden. Het Alisher Hotel, dat in werkelijkheid een B&B is waar we door de vrouw des huizes en haar twee dochters hartelijk welkom worden geheten. De eerste glimpen van deze mozaïekenwereld van tegels, patronen en nauwe straatjes hebben we dan al gespot. Dat maakt deze stad met gebouwen als kunstwerken zo bijzonder, je mag bijna overal met je auto rijden, zelfs in beide richtingen. De straten zijn smal maar de chauffeurs zijn geduldig en net wanneer ik ervan overtuigd ben dat het echt niet kan, lukt het allemaal toch. In het midden van de smalle wegen lopen goten en daar wil je niet met één wiel doorrijden.

'*So sorry*, we hebben geen water,' zegt de vrouw op een verontschuldigende toon en geeft ons een grote container met tien liter water.

Geen water, geen elektriciteit. De kamer is klein, niet groter dan een ansichtkaart en de badkamer is de bijbehorende postzegel. Aan de muren drie soorten behang met zilveren patronen. Het plafond heeft weelderige, brede plinten. Het past allemaal smaakvol bij elkaar. We kunnen net om het bed lopen waar aan beide zijden wel een nachtkastje staat. Geen stoelen, geen tafel, zelfs voor onze bescheiden bagage is amper plek. Ik zet de waterkoker op mijn nachtkastje. Alles wat we nodig hebben is aanwezig en daar gaat het om.

Het meisje komt een stoel brengen waar ik om heb gevraagd, die net in de hoek kan staan en Jan gebruikt het bed als stoel.

'Volgens mij is de verwarming aan. Het is hier warm,' zeg ik en schiet in de lach.

Er is geen stroom, maar overal brandt licht, behalve op onze kamer. Door de melkglazen deur schijnt het licht in onze ogen als we op bed liggen. Jan haalt een groot badlaken uit de douche en hangt dat ervoor. De verwarming krijgen we met geen mogelijkheid uit, dus zetten we het smalle raam, dat bijna tegen het plafond aan zit, open. De tegenstellingen zijn groot en werken op onze lachspieren.

Alexander de Grote

'Alles wat ik over de schoonheid van Samarkand gehoord heb is inderdaad waar, behalve dat het nog mooier is dan ik me had voorgesteld.'

Pure schoonheid

Het ontbijt is in de woonkamer van het gezin. Boven de deur hangt een kitscherig schilderij van een landschap met bomen, water en reeën. Op een papier staat vermeld dat het ontbijt van acht tot tien is. Vandaag zijn we de enige gasten en keurig binnen de aangegeven tijd lopen we de kamer in, maar niet voordat we onze sandalen uitdoen en deze naast de schoenen bij de deur neerzetten.

Het jongste meisje, gekleed in een rode tuniek en een dikke vlecht op haar rug, zit half liggend op de verhoogde hoekbank met tafel; de zogenaamde *topchan*. Ze ligt op haar knieën haar ontbijt te eten.

Het meubelstuk heeft de vorm van een groot bed bedekt met kleden, waarop een salontafel staat met een plastic tafelzeil, zoals ik die uit mijn jeugd herinner. Aan drie kanten een leuning zodat de open kant geschikt is om op de topchan te klimmen. Gelukkig weet onze gastvrouw dat bezoekers hier niet aan zijn gewend en er staat een mooi gedekte tafel met twee stoelen voor ons klaar. Vier eitjes, kaas, worst, zoete koekjes, tomaten, honing, boter, nootjes, stukken brood en drie verse, warme broodjes. Dat laatste lijkt me lekker en ik zet mijn tanden in het broodje dat een hotdog blijkt te zijn. Ook goed. Ik ben gezegend met een sterke maag en een hotdog op nuchtere maag is geen probleem.

In een blauw-witte met goud versierde theepot en bijpassende kommetjes krijgen we de thee. Op het gasstel
staat een witte ketel met rode stippen half op een brandende gaspit. Zo is er altijd heet water. Mijn Hollandse
zuinigheid vindt dit natuurlijk verspilling. Naast het
aanrecht een wasbak om je handen te wassen voor het
eten. Het is een heerlijke omgeving en we kijken zo
eens achter de voordeur.

De gastvrouw is tevreden over onze eetlust. Vandaag
heeft ze weer een mooie, lange jurk aan met veel
gouddraad. Haar haren zijn stevig verborgen onder een
hoofddoek. Vanuit de kamer kijk ik de keuken in waar
alles er netjes uitziet. We bedanken de dames voor de
goede zorgen; wij zijn klaar voor de dag van vandaag.

Jan hangt de kleine rugzak met camera, flesje water
en wat lekkers op de rug. We zitten dicht bij het centrum en lopen naar de ingang van deze blauwe mozaïeken wereld.

Men zegt dat Samarkand de oudste stad ter wereld is
waar nog gewoond en geleefd wordt. Het dagelijkse
leven drapeert zich om alle oudheden heen. De
geschiedenis begint meer dan tweeduizend jaar voor
Christus en de stad wordt beschouwd als een van de
mooiste steden op de Zijderoute*.

Golfkarren brengen mensen naar de gewenste plekken. Perfect. Zo houden we genoeg energie over. Wij
willen naar het Registan-plein dat het hart van deze stad
is en volgens velen het mooiste plein van de wereld.
Nou bepaalt iedereen voor zich wat schoonheid is, maar
toch. Onze verwachtingen zijn hooggespannen.

Via de markt lopen we ernaartoe. Het is vroeg, de
marktkramen zijn net open en verkopers staan paraat
om hun producten te verkopen. Herenschoenen staan
keurig in het gelid. In plastic zakken, ter grootte van
vuilniszakken, zijn alle noten, bonen en vruchten netjes

gesorteerd, soort bij soort. Grote bouten vlees, bedekt met witte stukken vitrage, hangen aan haken aan de muren en aan het dak bij de slager. Alles ziet er vers uit. Kolen, paprika's, aardappelen; de keuze is groot en voor zover ik het kan bekijken van goede kwaliteit. Het zijn overwegend vrouwen die de handel beheersen en altijd wel tijd vinden om een praatje te maken. Wanneer we weer naar buiten lopen zie ik twee stevige dames op een muurtje zitten. Met gouddraad versierde hoofddoeken laten een klein plukje haar zien. Hun lange jurken zijn van een stevige stof gemaakt en glimmen van de kleuren. Veel tinten blauw die perfect bij deze wereld passen.

Het is overal brandschoon; de tegels zijn strak in het gelid gelegd en gras groeit alleen in de nette perken. Coniferen zijn perfect gesnoeid en hekken maken de bezoeker duidelijk waar gelopen mag worden. In het gras zijn met gele bloemen leuke patronen aangebracht.

'Kijk daar eens, hoe schattig is dat?' stoot ik Jan aan.

Zo'n twintig kinderen, ik schat rond de vijf jaar, worden door de juf tegen het metalen hek gezet. Allemaal netjes naast elkaar, de meeste kinderen dragen een petje. Ik smelt. De kinderen, de oude historische gebouwen, de glanzende koepels, de blauwe luchten en een aangename sfeer; soms valt alles op zijn plek. Ik voel me een bevoorrecht mens.

Schoonheid heeft een prijs. Om al dit moois van dichtbij te kunnen bewonderen moeten we een kaartje kopen. Geen probleem, we sluiten aan bij de kleine rij voor de entree en zijn snel binnen. Jan koopt een extra kaartje voor zijn camera. Hij kan nu overal foto's maken met zijn grote camera met lenzen. Mensen die foto's met hun telefoon maken - en dat is zo ongeveer iedereen - kunnen zo naar binnen. Op de toegangskaartjes staan barcodes die we moeten scannen. Gelukkig staat daar een meneer voor die er scherp op toeziet dat we dit op een correcte manier doen. Maar goed ook, want ik wil met het kaartje van de camera naar binnen en dat gaat natuurlijk niet. De man scant behulpzaam mijn juiste kaartje en dan mogen we een voor een naar binnen.

Op een groot bord staan zes dingen vermeld die verboden zijn: geen alcohol, geen huisdieren, er mag niet gerookt worden, men mag hier niet fietsen, te blote kleding wordt niet op prijs gesteld en vrouwen mogen niet zonder hoofddoek een moskee binnen. Hier kunnen we prima mee uit de voeten. Wij zijn te gast en houden ons aan de regels.

De minaretten, de madrassa's**, de tegels; het glanst, het glinstert en het imponeert op een manier die ik niet voor mogelijk had gehouden. Er zijn niet genoeg letters in het alfabet om die woorden te vormen die deze schoonheid kunnen beschrijven. Er hangt een gemoedelijke en rustige sfeer. Mensen zijn allemaal diep onder de indruk en gedragen zich daar naar. Zelfs de kinderen moeten iets van de sfeer voelen en zijn opvallend stil.

Ik blader door mijn gids en lees dat Registan 'Zandplaats', 'Plaats van Zand', 'Woestijn' betekent. In vroegere tijden werden hier executies uitgevoerd en het zand absorbeerde het bloed.

'De gebouwen staan uit het lood,' zegt Jan met de blik van een kenner.

Hij heeft gelijk; het lijkt net alsof ze de neiging hebben om voorover te kiepelen. Dit complex is in de vijftiende eeuw gebouwd door Ulug Bey en door de eeuwen heen werd het steeds meer verfraaid. De Sher-Dor madrassa is gebouwd in de zeventiende eeuw en staat op de werelderfgoedlijst van Unesco. Samen met de Ulug Begue en Tillakori madrassa's maakt het dit tot een wonderschone plek.

We lopen een van de madrassa's binnen waar een kamer ingericht is als studiecel, zoals die in een ver verleden werd gebruikt. De moskeeën zijn van groot belang voor de gelovigen. Vooral voor het vrijdaggebed. Tijdens het communistische bewind waren deze gebedshuizen gesloten. Men mocht in die tijd twee keer per jaar een dienst houden. Dit plein en de moskee zat dan vol met biddende mannen maar voor de vrouwen was geen plek; zij moesten hun gebeden doen in een van de madrassa's. Voor de gelovigen gewoon, bij mij wekt het een lichte irritatie op.

In enkele ruimtes staan grote, houten ligbedden bedekt met tapijten. Het staat gastvrij, maar niemand durft erop te gaan zitten. In een kamer zitten drie poppen, mannen, in traditionele kleding met conische mutsen op hun hoofd, voor een tafel: ze lezen de Koran. Zo wil men de bezoeker een kijkje geven in hoe het ooit was.

Luchtverontreiniging, regen en wind knagen aan de gebouwen. Ik zie verval, afgebrokkelde tegels, rafels, vlekken, maar ook mannen die alles aan het restaureren zijn. Een eindeloos proces, een karwei dat nooit af zal zijn. We lopen rond, vallen van de ene verbazing in de andere, maken te veel foto's, wijzen elkaar op iets wat niet gemist mag worden en zijn er heilig van overtuigd dat dit daadwerkelijk het mooiste plein ter wereld is.

De moderne tijd heeft zijn intrede gedaan; er zijn schone toiletten, er kan een ijsje gekocht worden en zelfs een lekkere cappuccino. Op het gras zitten mensen en waar mensen zitten, wordt afval achtergelaten. Het staat in schril contrast met het keurig onderhouden gras.

'Het lijkt een zonnige dag in een zwembad. Je struikelt over de vuilnisbakken, maar het is nu eenmaal veel makkelijker om alles maar te laten liggen,' schudt Jan zijn hoofd.

Soms proberen mensen de entree te ontwijken en doen hun best om stiekem binnen te glippen. Ze worden allemaal met ferme hand tegengehouden. Hoppa, naar de kassa en betalen. Onbeschofte mensen heb je nu eenmaal overal op de wereld.

In de kelders van de gebouwen zijn souvenirwinkels die zonder uitzondering door vrouwen worden beheerd en waar we allemaal welkom zijn.

De Sjir Dar madrassa is van een eenzame schoonheid. Het is een kopie en dat weet ik alleen omdat ik dat nu lees. Het betekent 'Huis met de Leeuwen'. Alleen dachten we dat de leeuwen tijgers waren. Later wordt duidelijk dat we ons niet hoeven te schamen voor deze vergissing. Leeuwen komen in dit deel van de wereld niet voor. De keramist, die de opdracht kreeg om dit te maken, heeft er bij gebrek aan kennis een tijger met manen van gemaakt. Nou ja, het onderscheidt dit dier van de massa zullen we maar zeggen.

Er lopen jonge vrouwen - allemaal perfect opgemaakt - in lange, zwierige jurken rond. Mensen zijn behulpzaam om de jurken bij een punt vast te houden waardoor een dame in het blauw de uitstraling van een pauw krijgt en dat tegen een wereld van blauwe mozaïeken. Ze wringen zich in allerlei houdingen om zo gunstig mogelijk een geheel te vormen met de gebouwen. De fotograaf helpt graag een handje om de beste positie te zoeken. Het levert prachtige plaatjes op en de dames zijn niet te beroerd om voor de camera's van bezoekers te poseren. Ondertussen worden we door andere toeristen, altijd Chinezen, op de foto gezet. Het streelt mijn ego dat wij mooier worden gevonden dan deze vrouwen in hun jurken. Wanneer ik het zie, ga ik staan zodat de foto's gemaakt kunnen worden. Ik maak van alles en iedereen foto's en zo doe ik iets terug.

Bij alle gebouwen die hier staan, horen verhalen, mythes en legendes. Nu kunnen we alles wel gaan lezen, maar dat maakt het niet mooier; ik laat alles los, loop ontspannen rond en val van de ene verbazing in de andere. Mocht er perfectie bestaan, dan dingt dit plein met al zijn gebouwen mee voor de eerste plek. Sommige zijn open voor de bezoekers en de tegelwereld gaat binnen door. Plafonds en muren zijn allemaal rijkelijk gedecoreerd met tegels en vormen mooie patronen.

De mozaïeken blijven me betoveren, totdat onze ogen oververmoeid zijn, onze hoofden vol en de voeten vermoeid; tevreden wandelen we het plein af.

Bij deze ingang staat een mevrouw met witte, fladderende duiven. Eén vogel is roze gemaakt en sommige bezoekers vinden dit duidelijk leuker dan de blauwe tegels. Een andere vrouw heeft op een wolvenhuid souvenirs uitgestald. Mensen kijken allemaal met grote ogen naar het dierenvel en zijn te verbaasd om iets te kopen.

*De Zijderoute was lang geleden een netwerk van karavaanroutes door Centraal-Azië. Eeuwenlang werd er handel gedreven tussen China en het oosten van Azië aan de ene kant en het Midden-Oosten en het Middellandse Zeegebied aan de andere kant. De naam heeft deze route te danken aan de zijde, toen een uiterst duur en kostbaar product, dat langs deze route naar het Westen werd vervoerd. Deze weg was lange tijd de belangrijkste verbinding tussen oost en west.

**Madrassa's zijn koranscholen. Het woord komt uit de Arabische taal en betekent letterlijk 'plaats van studie'.

Het platteland

Het is vandaag vol in de herberg; alle kamers zijn bezet en in de woonkamer is eigenlijk niet genoeg ruimte voor de gasten. Er staat een ontbijtbuffet voor de gasten klaar en meer tafels en stoelen. Gelukkig heeft de vrouw hulp gekregen om alle monden te voeden. Een Oezbeeks echtpaar nodigt ons uit aan hun tafel als ze ons zoekend rond zien kijken. Het lijkt een Hollandse verjaardag met te veel mensen in een te krappe woonkamer. Het heeft iets kneuterigs. Er zit een keurige man met een driehoekige zwart-witte vilten hoed op zijn hoofd. Op de witte vakken is een patroon afgebeeld. Ik heb dit meer mannen zien dragen; nu heb ik de kans om te vragen wat het precies is. De man heeft een vriendelijke blik op zijn gezicht, een bril op zijn neus en een klein sikje siert zijn kin.

'Dit is een hoed die wij, mannen uit Kazachstan, dragen. Het is een traditioneel hoofddeksel.'

Op een steenworp afstand van onze accommodatie is het grote Khan Hotel met een chique uitstraling.

'Zullen we daar een nacht boeken,' zeggen we tegen elkaar.

Een kamer van vier vierkante meter zorgt voor blauwe plekken bij Jan. Hij heeft op beide scheenbenen, op dezelfde hoogte, identieke beurse plekken. De keren dat hij ergens tegenaan liep zijn niet meer te tellen. Het Khan Hotel is groot, luxe met ruimte, heel veel ruimte en ik moet ineens aan schrijver Adriaan van Dis denken die veel heeft gereisd. In een van zijn boeken schrijft hij dat hij altijd een aantal nachten in goedkope accommodaties slaapt en dan zichzelf trakteert op een luxe hotel. Hoewel onze B&B top is met heerlijk eten en gastvrije mensen, is de kleine kamer op een gegeven moment gewoon te klein. Op een raadselachtige manier raak ik van alles kwijt. Ik leg het neer en kan het zelfs op deze paar vierkante meter niet terugvinden.

Na het ontbijt wandelen we naar het Khan Hotel waar twee mannen ons helpen, die de cursus *hoe ben ik vriendelijk tegen nieuwe gasten* nog niet hebben gevolgd.

'Mogen we de kamer zien?' vraag ik. 'We zouden dolgraag een kamer met uitzicht op een van deze mooie gebouwen hebben.'

De mannen kijken moeilijk: 'Ik heb voor aankomende nacht een kamer beschikbaar maar niet met uitzicht. Loop maar even mee.'

Wanneer we naar binnenlopen, ben ik direct verkocht. Lekker veel ruimte en oké niet het uitzicht waar ik op hoopte, maar alles zo mooi en chique dat we hem graag voor een nachtje nemen.

'Je moet honderd Amerikaanse dollar betalen zodat we zeker weten dat jullie op komen dagen.'

'Oké. Kan ik daar dan een bewijs van krijgen,' zegt het Hollandse meisje in mij.

De mannen kijken me oprecht verbaasd aan.

'Nee, dat doen we niet.'

Als reizigers zijn we soms te argwanend en dit land heeft ons daar tot nu toe geen enkele reden voor gegeven. De mensen zijn hier zo eerlijk dat ik erop vertrouw dat het goed komt, laat mijn scepsis varen en geef twee biljetten van vijftig dollar aan de mannen.

'Tot morgen,' zeggen we en lopen terug naar de buren, stappen in de wagen en Jan rijdt de stad uit.

Vandaag staat een dagje omgeving Samarkand op ons programma. Jan rijdt de drukte uit richting de witte bergtoppen. Onze thermos gevuld met heet water, bekers en koffie op de achterbank. Hoe verder we van de stad verwijderd zijn, hoe slechter de wegen worden. Het is druk. Kuilen en gaten ontsieren het wegdek en vooral de verkeersdrempels die amper opvallen, zorgen ervoor dat Jan goed oplet. Het weer is aangenaam en blauwe luchten zorgen voor een passende omlijsting. Ondertussen speuren mijn ogen naar een plek om koffie te drinken.

'Kijk daar eens, wat een leuk stekje,' wijs ik naar een leegstaand huis waar volop ruimte is en dat niet te dicht bij de doorgaande weg staat.

Ik maak de koffie klaar, die te heet is om direct te drinken en loop met mijn telefoon naar de kant van de weg waar dikke, Perzische tapijten over de afrastering hangen en een mooi geheel vormen met de besneeuwde bergen. Blijkbaar kom ik ergens te dichtbij wanneer een hond begint blaffen. Ik schrik me wezenloos. Gelukkig blijft het dier staan, ik maak mijn foto en met een hoge hartslag loop ik zo rustig mogelijk terug naar de auto.

Er komt een vrouw aan lopen die ons uitnodigt om binnen te komen. Heel lief, maar uit ervaring weten we dat een dergelijk bezoekje zo maar een uur kan duren. We bedanken haar vriendelijk voor de uitnodiging. Even later komt ze, samen met haar dochter, weer aan lopen. In elke hand een krukje dat ze voor ons neerzet. Wat lief. Jan geeft de beide dames een stroopwafel die aarzelend wordt aangepakt.

'Zullen we haar de rest van de aardbeien geven wanneer we de krukjes terugbrengen?' stel ik voor.

Wanneer ik alles opruim en Jan de krukjes met het fruit heeft weggebracht, komt de vrouw terug met een grote vijfliterfles gevuld met abrikozen.

'Voor jullie,' weet ze ons duidelijk te maken en duwt de fles in mijn handen.

We zijn diep geraakt door alle hartelijkheid van wildvreemde mensen.

De bergen blijven ons omarmen. We stoppen voor oude, brokkelige muren, met goud geborduurde metalen deuren, kleurige wasjes en een schoenmaker die in de opening van zijn werkplaats aan het werk is.

'Kom binnen, kom binnen,' gebaart de man hartelijk.

De man, borstelige wenkbrauwen, ringbaardje, petje op zijn hoofd en een zelfverzekerde uitdrukking op zijn gezicht, is een waardige verschijning. Hij maakt en repareert plastic slippers. Op zijn werktafel liggen tangen, scharen, borstels en naaigaren. Ernaast staat een vreemde machine waarmee de zolen onder de schoenen worden genaaid.

'Maak een foto,' weet hij me duidelijk te maken.

Dat is niet tegen dovemansoren gezegd. Achter hem hangt een wasje over een kromme tak. Mazzeltje. We bedanken de man voor zijn vriendelijkheid, stappen in de wagen en gaan verder met ons rondje Samarkand.

Door kleine dorpjes waar vaak een geribbelde, ronde koepel de blauwe luchten insteekt, rijden we rustig verder. We passeren een moskee die om meer aandacht vraagt. Het grote gebouw is gebouwd in een zachtbeige steen, op de vier hoeken staan halve koepels met een gouden halve maan die schittert in de zon.

Een blauwe Lada heeft tientallen zakken gevuld met stro uit de kofferbak steken en zelfs het dak is bedekt. De man heeft oog voor detail, alles is vastgebonden met riemen in dezelfde kleur als de wagen en de koepels. Een andere blauwe Lada bezwijkt nog net niet onder plastic zakken vol met wat? Een vrachtwagen is te zwaar beladen met balen stro, maar dat maakt niet uit: het rijdt.

Er staat een Lada aan de kant van de weg geparkeerd en uit de openstaande kofferbak steken drie grote zakken vol met gras. Geen chauffeur in de buurt en bij de kapper staat een wasrek buiten met fris gewassen, witte handdoeken die allemaal netjes achter elkaar hangen.

'Zullen we nog een drankje doen voordat we terug naar de stad gaan?' stel ik voor. 'Bij alle cafeetjes kun je wel iets eten en drinken.'

Jan parkeert de auto bij een willekeurig loket waar een somsa-oven staat en één stoel. Een jonge vrouw opent het luikje. Jan wijst naar een cola en een ijsthee.

'Nee, nee,' schudt ze haar hoofd.

Jan laat de flesjes zien om haar duidelijk te maken dat hij die wil kopen.

'Nee, nee,' schudt ze nogmaals haar hoofd.

En dan valt het kwartje. Ze wil ons de drankjes cadeau doen. We mogen niet betalen. Onder de indruk van zo veel hartelijkheid pakken we alles aan en genieten extra van het frisse vocht.

Jan rijdt terug naar de stad waar we tegelijk in de lach schieten bij het zien van levensgrote politieauto's gemaakt van karton. Om chauffeurs keurig te laten rijden staan her en der deze afbeeldingen van de achterkant van politiewagens langs de kant van de weg. Onbewust heeft het effect op ons. Al was het maar op onze lachspieren.

Het verkeer heeft zijn eigen regels waar Jan steeds beter aan went. Links en rechts inhalen vinden we inmiddels gewoon. De kleine busjes, die vaak als taxi fungeren, schieten als kwajongens overal tussendoor. Wanneer Jan een oude man op krukken, die zichzelf moeizaam over de afscheiding in de middenberm heeft gehesen, alle ruimte wil geven om de weg over te steken, denken de chauffeurs achter ons daar anders over. Een claxonkanonnade en boze blikken vallen ons ten deel. Zo gauw de Oezbeek achter het stuur gaat zitten, verdwijnt de vriendelijkheid en geldt de macht van de brutaalste. Zo word je als reiziger gedwongen om het verkeersspel mee te spelen. Jan houdt van spelletjes en is een snelle leerling.

De laatste driehonderd meter overtreden we diverse wetten. We moeten een eenrichtingsweg in om bij ons hotel te komen. Mazzel, er komen ons geen auto's tegemoet. Velen denken zoals wij en dat maakt het op de een of andere manier minder fout. Met een zucht van opluchting stap ik uit de auto en ben blij dat onze huurauto geen krassen of deuken heeft opgelopen.

Kamer met uitzicht

Nog één keer schuiven we aan bij moeder en dochters en genieten we van weer een smaakvol en met liefde bereid ontbijt. We pakken onze spullen in en nemen afscheid van dit vriendelijke gezin om te verkassen naar het Khan Hotel waar we vanaf elf uur welkom zijn.

Onze bagage staat veilig in de auto en we lopen naar de markt en het plein met zijn mooie gebouwen. De markt is en blijft een feestje waar we naar hartenlust foto's maken. Verkopers worden niet boos en lachen ons vriendelijk toe. Een mevrouw met vier bizar grote vissen wil zelf niet op de kiek, maar staat me minzaam toe om de dieren op de foto te zetten. Bij de slager hangen buiten aan metalen haken reusachtige koeienbouten. De rest van het dier ligt in losse onderdelen in de vitrine. Een vrouw, gekleed in een zwarte bloemetjesjurk en een azuurblauwe hoofddoek, zit op een krukje. In een emmer stalt ze zorgvuldig vier varkenspoten uit. De uiteinden van de hoeven zijn rood gemaakt. Wie zou het kopen? Welk gerecht maak je met een varkenspoot? De vrouw is op leeftijd en de felgekleurde hoofddoek geeft haar iets ondeugends. Een andere verkoopster heeft grote radijzen en uien in de verkoop. Haar winkeltje is op het onderstel van een kinderwagen gemaakt. Kinderwagens worden gebruikt om producten in te vervoeren. Een vrouw met een keurig wit schort heeft de bekende, glimmende, ronde broden in de aanbieding.* Gezien haar voorraad rekent ze op veel klanten. De bescheiden winkels staan allemaal stampvol en er loopt veel personeel rond; meestal heb ik geen idee wie hier nu werkt of wie de klant is.

In omgekrulde zakken worden allerlei noten te koop aangeboden. Cashewnoten en de gele maïskorrels zijn het enige wat ik ken. In een winkel staan tientallen verschillende soorten oliën te koop en alles is een lust voor het oog. Het aardewerk dat te koop wordt aangeboden is groot, vrolijk en kleurrijk. Precies zoals de mensen: stevig, functioneel, maar met een kleurtje.

Het is motterig weer, te fris voor buiten, dus maar ergens binnen koffiedrinken. De koffie smaakt goed en het ieniemienie koekje erbij ook. In een hoek staan souvenirs en mijn ogen spotten onmiddellijk leuke oorbellen. Mooie koperkleurige, ovale hangers met een stoffen inhoud. Nooit eerder gezien en dat alleen is al een reden om ze te kopen. Een jonge Chinese moeder verlegt haar aandacht van de gebouwen naar mij en maakt eindeloos foto's van ons. Ik maak prachtige foto's van haar zoontje. Voor wat hoort wat. Kinderen gaan keurig gekleed naar school. De jongens dragen een lange broek met colbert, de meisjes allemaal een jurk. Blote benen zijn uit den boze, de dametjes dragen een panty of lange kousen. Het haar is netjes geknipt en de meeste meiden hebben een strik of iets anders in hun haar. Op de een of andere manier word ik daar altijd blij van, dat ouders geld overhebben voor deze kleine dingen.

Naast aardbeientijd is het ook abrikozen- en kersentijd. Het fruit ligt er opgepoetst en glimmend bij en is zorgvuldig in de schalen gelegd. Mierzoet snoepgoed is verpakt in roze, groen en rood glimmend plastic.

Op de markt gaan we ergens zitten en bestellen een vroege lunch van dumplings, een schaaltje rauwkost en de thee krijgen we er vanzelf bij. We zijn snelle leerlingen en bestellen maar één maaltijd die weer voldoende blijkt te zijn. Het bestek bestaat vandaag uit één vork.

We slenteren terug naar het hotel waar Jan in de auto stapt om die een paar meter verderop in de straat, op het eigen terrein van Khan te parkeren. Chique hotels hebben hun eigen parkeerplaatsen.

'Jullie kamer is klaar,' zegt de man bij de balie. 'Het is een andere kamer dan die ik jullie heb laten zien. Maar… nu heb je uitzicht op een van de mooie gebouwen,' komt er voldaan achteraan.

'Wil je een kamer met een of twee bedden?'

'Doe de goedkoopste maar.'

'Loop maar mee dan kun je de kamer bekijken.'

Kamer 219 is groot met een adembenemend uitzicht op de Summer moskee van Shahi Zinda en we knikken enthousiast. We nemen hem graag.

'Jullie hebben liever sum dan dollars, of niet?'

'Klopt, maar je mag ook met de creditcard betalen.'

'Dan betaal ik graag met mijn Visa-kaart.'

'Geen probleem.'

'Je kunt ook met dollars betalen dan krijg je het wisselgeld in sum terug,' gaat de man verder als ik klaarsta met de creditcard in mijn hand.

'Op een creditcard rekenen we twee procent commissie. Zal ik dan die dollars maar houden? Je moet ook belasting betalen.'

Hij pakt een rekenmachine, tikt snel de getallen in en rekent uit dat ik dan vijfduizend sum terugkrijg. Ik pak het opgelucht aan.

'Zo, heb je toch maar mooi 35 eurocent van de honderd dollar teruggekregen,' lacht Jan die vanaf een afstandje het hele proces heeft gadegeslagen.

De kamer maakt ons blij. Er staat een schaaltje met zoete koekjes, koffie, thee, een waterkoker, een bureau om aan te schrijven en een waarschuwing dat je een boete van 250 dollar krijgt wanneer je betrapt wordt op roken. Twee bedden, volop ruimte om te lopen, een badkamer met handdoeken en kleine flesjes en dan het klapstuk: het uitzicht. Magisch en betoverend. Dat er een ATM van de Ipotekabank pal voor het gebouw staat, negeer ik voor het gemak. Ik wil de rest van de dag op de kamer blijven en naar buiten kijken. Jan installeert de camera zodat hij vanavond, wanneer het daglicht verdwijnt en de lampen aangaan, alles op de foto vast kan leggen.

Op een ontsierende lichtkrant die aan de muur van de moskee hangt worden in groene letters de vijf tijden van het gebed aangegeven. De moderne tijden gaan ook aan eeuwenoude gebouwen niet voorbij. Onze eetlust werkt ons uiteindelijk de kamer uit. We lopen naar de markt, waar we genieten van een lekkere plov-maaltijd en door een donkere wereld lopen we naar onze kamer mét uitzicht waar we net op tijd zijn zodat Jan zijn foto's kan maken.

Samarkand slaapt, ik word wakker. Het is donker, maar ik moet de verlichte moskee zien en stap snel uit bed. Mooi, mooier, mooist en dan komt deze moskee. Ik voel me een figurante in het sprookje *Duizend-en-één-nacht*.

Tandyr nan is een populair brood in Centraal-Azië. Het wordt in een kleioven, de zogenaamde *tandyr* of *tandoor* gebakken. Het is rond en meestal knapperig goudbruin. Ze worden vaak versierd door met broodstempels patronen in het deeg te stempelen of gedecoreerd met kruiden.

Naar Boechara

In de grote eetzaal is het rustig; het is nog vroeg. Er zijn maar een paar tafels gedekt en wij gaan aan een tafel voor twee personen zitten. Het plafond is bedekt met houtwerk, waar grote lampen aan hangen en in een van de muren zit een ovale deur afgezet met lichtblauwe tegels. De deur is gesloten. Eerst even kijken wat er allemaal staat: fruit, brood, yoghurt, koekjes, melk allerlei sapjes en natuurlijk koffie en thee. Reizen zorgt voor een gezonde trek die we graag stillen met deze lekkere dingen.

Tegenover het hotel is een grote begraafplaats, waar we, voor we aan onze rit naar Boechara beginnen, naartoe wandelen. Het hek is met een ijzerdraadje provisorisch vastgemaakt; Jan heeft het binnen twee tellen open. Op bijna alle grafstenen staat een foto van de overledene. Niemand is lachend afgebeeld; doodgaan is een serieuze zaak. Het gras heeft vrij spel; het groeit overal tussendoor. Paarse en rode bloemen geven de omgeving een liefelijke uitstraling en op de achtergrond werpt de Hazrat Hizir moskee haar glans en bescherming over alle graven. Jan friemelt het slot weer in elkaar.
  Een vrouw zit op haar hurken aan de rand van het voetpad tegenover het kerkhof en twee vrouwen zitten ontspannen op een omheining van gaas gevuld met witte stenen. Ik blijf het altijd bewonderenswaardig vinden hoe makkelijk de vrouwen, zelfs de dames die wat ouder zijn, overal op hun hurken kunnen zitten. De oudste van de twee, gekleed in een zwarte jurk met

witte patronen, heeft een brandschone witte doek om haar hoofd en voorhoofd geknoopt die met een goudkleurige speld onder haar kin is vastgemaakt. De andere heeft haar sjaal strak, als een helm, om haar hoofd gedraaid. De punten zijn in elkaar gefrunnikt en komen boven de oren uit als twee langwerpige dennenappels. In haar hand een moderne, roze telefoon. Na onze kerkhofwandeling zijn we klaar voor de rijdag naar Boechara.

'We moeten tanken,' verzucht Jan.

Hij heeft, zoals veel mannen, last van uitstelgedrag wanneer het om tanken gaat. Waar ik het liefst bij een halve lege benzinetank, snel naar het tankstation rijd, durft Jan met een knipperend lichtje nog rustig door te rijden. Benzine en gas zijn overal te verkrijgen. Veel auto's en zelfs vrachtwagens rijden hier op gas.

Het Raqabat-benzinestation is een modern bedrijf. Er zijn toiletten, je kunt er iets eten en drinken, telefoneren, douchen en bidden. Benzine en gas moeten bij verschillende kassa's betaald worden. Bij de prullenbak staat een terminale bureaustoel.

Jan rijdt de stad uit, terwijl mijn ogen speuren naar een leuke koffieplek. Raak. Ik zie twee plastic stoelen staan. De ene is al diverse keren gerepareerd. De leuning is opgeknapt met tape, de andere is vastgemaakt met popnagels. Op de zitting ligt een stuk karton. Al met al een wankel geheel waar ik niet op ga zitten, maar waar de bekers prima op kunnen staan.

Genietend van de koffie kijken we naar het verkeer dat in al zijn verscheidenheid langsrijdt. Fietsers gebruiken de zandgrindweg - naast het asfalt - als fietspad. Een oude Lada puft voorbij; het dak bedekt met dikke plastic slangen. Koffie met uitzicht is beslist de lekkerste.

We rijden langs en door plaatsjes met veel leegstaande gebouwen en winkels, maar passeren ook nieuwe panden waar volop wordt gewerkt en waar na een inspectie van de Nederlandse arbodienst alles per direct zou worden gesloten.

Het land is gemaakt voor de reiziger. Zou dat nog een erfenis van de eeuwenoude en roemruchte Zijderoute zijn toen grote karavanen hier langstrokken? De reiziger hoeft niet te verdorsten of te verhongeren. Het is de hoogste tijd voor weer een koffiestop. Jan parkeert bij een winkeltje waar een stevige vrouw de scepter zwaait. Haar kleding is uitbundig, haar voeten steken in sombere bruine slippers.

'Jazeker heb ik cappuccino,' antwoordt ze tot mijn aangename verrassing op mijn vraag of ze dit verkoopt.

Even later zet ze trots twee plastic bekers met hete chocolademelk voor ons neer. Ik koop er een paar koeken bij die eruit zien als oliebollen met een laagje glazuur; ze smaken naar droge eierkoeken.

Er zijn openbare toiletten waar ik graag gebruik van maak. Ik kan alleen de juiste deur niet vinden. De jongen die over de wc-centen gaat en de toiletten schoonhoudt, wijst achteloos naar een van de deuren. Op goed geluk open ik de juiste deur en schiet in de lach. Aan de binnenkant van de deur staat de sticker die aangeeft dat dit een dames-wc is.

Het koffiezaakje lijkt een hangplek voor de bevolking waar iedereen, iedereen ontmoet. Oudere mensen slenteren rond, kletsen de tijd aan elkaar en bekijken ons van top tot teen. We zorgen voor een prettige onderbreking van de dag. Graag gedaan.

Het is nog 120 kilometer naar Buxoro zoals de stad ook wordt genoemd. Gladde stukken weg wisselen af met ribbels, gaten en verdwenen stukken asfalt waar het overige verkeer zich trouwens niks van aantrekt. Jan blijft boze reacties krijgen wanneer hij voetgangers de gelegenheid geeft om op zebrapaden over te steken.

Bij het in aanbouw zijnde restaurant Sharoona Kafes parkeren we en lopen naar binnen. In een bak bij de ingang zwemmen nog heel wat maaltijden rond. Het is een gebouw met weinig uitstraling; gebouwd om functioneel te zijn. We kunnen buiten zitten waar het aangenamer van temperatuur is en bestellen één portie vis: karper. Terwijl we wachten op onze bestelling komt er een gezin aan lopen en gaat aan een tafel zitten. Het oudste meisje komt naar ons toe.

'Ik ben student Engels, waar komen jullie vandaan?' vraagt ze verlegen.

Ze geeft de indruk dat ze weet waar Nederland ligt. Ik denk dat ze gewoon beleefd wil zijn.

'Ik ben hier met mijn oma, mijn tante en haar twee kinderen,' legt ze uit.

Het kleinste meisje heeft een bijna kaalgeschoren koppie. Opvallend. Na een paar minuten verhuist het gezin naar binnen. De jongen komt brood, een tomatensalade en een bord met zeven grote stukken vis brengen. Ik ben blij dat we één maaltijd hebben besteld. Het is zelfs te veel voor twee personen. Ik loop naar binnen om te betalen. De kassa is nog niet in gebruik. De man haalt een doosje uit de kast waar het wisselgeld inzit.

Het landschap is weinig inspirerend, zelfs de kleuren in de kleding van de mensen worden soberder. Links is het een platte wereld met lage begroeiing, aan de rechterkant zijn contouren van kleine dorpjes zichtbaar. Rond drie uur rijden we Boechara binnen. De navigatie stuurt ons door smalle straten waar midden in de wegen goten zijn gemaakt. Dat je hier mag rijden, nog kunt rijden en zelfs tegenliggers tegenkomt. We kijken elkaar verbaasd aan. We rijden letterlijk tussen, door en over de geschiedenis van deze stad.

'Hier moet het zijn,' zegt Jan, stopt de wagen en kijkt twijfelachtig om zich heen.

'Klopt. Kijk maar, daar staat Lola Boutique Hotel,' wijs ik naar het bord.

Aarzelend stap ik uit, loop naar de openstaande deur en ben direct verliefd. Wat een geweldige plek. Ik loop de binnenplaats op, waar tapijten en kleden aan de muren hangen en in witte potten staan grote, groene planten. Her en der hangen kleine potten met planten. Er is een vijver, formaat mini-zwembad, waar geen druppel water in zit. Aan een van de tafels op de grote binnenplaats zitten een man en een vrouw die nauwelijks reageren op onze groet. Dit in tegenstelling tot een vriendelijke man die ons hartelijk welkom heet.

'Lola is bij ons een meisjesnaam,' merk ik op.

'Hier ook. Mijn zus heet zo en we hebben ons hotel naar haar vernoemd. Kijk, dit is jullie kamer. Vannacht zijn we volgeboekt,' zegt de man. 'Ik zal jullie auto binnenzetten. Daar tegen die muur kan ie prima staan,' gaat hij verder.

Top. Het is altijd prettig om je auto in het zicht te hebben. Het is passen en meten.

Kamer 101 is een ruime kamer op de begane grond met twee eenpersoonsbedden naast elkaar. Over het voeteneind een kleurig kleedje en opgerolde handdoeken liggen op het bed. Een grote kast, een bureau met stoel, een waterkoker, koffie en thee. Aan de muur hangt een televisie en aan goudkleurige roeden hangen zware gordijnen die in de zomer de hitte en in de winter de kou buiten houden. Het plafond is rijk gedecoreerd met gouden biezen en lampen. Aan een van de muren hangt een airco. In de badkamer is alles wat we graag willen hebben. En... bruin toiletpapier, dat kenden we nog niet. De doucheruimte is afgeschermd met een plastic gordijn waar walvissen op rondzwemmen. De houten deuren van de kamer kunnen veilig openstaan.

In het restaurant een kleurige muurschildering van een slanke, staande vrouw aan wiens voeten een geknielde jongen ligt met een tulband op zijn hoofd. Weer zijn we onderdeel van een sprookje uit Duizend-en-één-nacht.

Er is dus een waterkoker, maar geen stopcontact. Op beide nachtkastjes staat een lamp, maar er zijn geen stopcontacten in de muur, onder het bed of ergens anders verstopt. Jan rolt het snoer van ons stekkerblok uit en drukt de stekker in dat ene contact dat we na lang zoeken in een hoekje ontdekken. De douanebeambte zou tevreden knikken als ie ons bezig zag, grinnik ik in mezelf.

In Boechara

Tijdens de Russische overheersing werd deze stad een industriestad. Zij verloor haar allure en bijna alle moskeeën en madrassa's werden gesloten. Toen in 1991 het land weer op eigen benen kwam te staan, werden de handen uit de mouwen gestoken en begon men voortvarend met het renoveren van alle gebouwen en monumenten. In 1997 tikte de stad haar 2.500^e verjaardag aan en moest alles er spic en span uitzien. Dat er niet altijd oog voor detail was of de juiste kennis voorhanden, is de stad vergeven, vind ik.

Het heeft altijd iets spannends wanneer je voor het eerst een nieuwe stad gaat ontdekken. Alles is op loopafstand; de auto kan blijven staan. Er lopen een jongen en een meisje voorbij. Zij draagt een grote tros ballonnen over haar schouder. Het zijn echter de deuren die het meest opvallen. Grote deuren van hout en metaal. Sommige staan open en dat vind ik een uitnodiging om naar binnen te kijken. De openstaande deuren leiden naar binnenplaatsen die opvallend vaak vol staan met gereedschap. Eenvoudige, degelijke deuren, maar ook enkele met gouden afbeeldingen. Het leuke is, dat wanneer je zoiets opvalt, je onbewust gaat speuren en dan zie je steeds iets moois en merk je de verschillen. In enkele grote deuren is een kleine loopdeur gemaakt die soms op een staldeur lijkt.

En dan zijn het de weesstoelen die mijn aandacht trekken. Hebben we in ons land weesfietsen, vaak oude barrels die zonder toestemming van de eigenaren zijn geleend en achteloos ergens worden achtergelaten, hier kent men de weesstoel. Eenzaam en vergeten staan ze op straat, bij een deur of achteloos in de berm. Allemaal oud, allemaal kapot, allemaal vuil en allemaal een foto waard.

Oezbekistan is kleur en dat is deze stad ook. De winkels hebben hun koopwaar gezellig buiten staan. Pakken met felgekleurde frisdranken staan naast zakken met uien en diepvriezen proppievol ijs. IJs is razend populair en wordt hier van vroeg tot laat gegeten. Dikke Magnums worden met een jaloersmakend gemak opgelebberd. Kinderen kopen een ijsje wanneer ze uit school komen en slikkend en likkend gaan ze naar huis. Oude, grijze mannen fietsen op oude, kale fietsen in een traag tempo voorbij.

Op een bankje rusten twee vrouwen uit. De voeten met sokjes in slippers gestoken. De meeste vrouwen gaan gekleed in jurken met veel gouddraad en geglinster. Lange jurken tot de enkels, vaak smaakvol met een bijpassende hoofddoek. Maar... net boven de enkels stopt de goede smaak van de vrouwen. Vrouwen dragen sokjes die op geen enkele manier passen bij hun jurk: kindersokken met afbeeldingen van dino's, herensokken, roze sokken, sokken met een kantje en een randje, foute kleuren aan voeten die vaak in bruine of zwarte slippers zijn gestoken. Slippers zijn te groot, te klein, herenslippers of kinderslippers; het maakt allemaal niet uit. Ik snap het gemak van slippers, snel aan, snel uit, omdat men binnenshuis zelden op schoenen loopt. Het valt me op en ik vind het geweldig. Soms zit er een frivool type tussen en zijn de voeten in rode of felblauwe slippers gestoken.

We wandelen verder wanneer we muziek horen. Het is harde muziek, onverstaanbaar en beslist niet onze smaak. De vrouwen dansen erbij met een overgave die fascineert, gekleed in bonte jurken met bijpassende hoofddoeken. De gezichten zijn zwaar opgemaakt. De mannelijke dansers dragen lange laarzen van stof met een leren zooltje, hebben een rond mutsje in dezelfde kleuren op het hoofd als hun tuniek met lange broek. De armen van de vrouwen zwieren door de lucht. De witte sluiers dansen op het ritme van de wind mee. En dit allemaal tegen een achtergrond van de eeuwenoude gebouwen, blauwe luchten en zich suf fotograferende toeristen. Het is een wereld vol leven, vol kleuren en die boeit. Jongens begeleiden de vrouwen met muziek op platte tamboerijnen, die de vorm van de ronde broden hebben.

Er komen vier dames aan lopen. Allen gekleed in een lange jurk, vestje aan, de hoofddoek stevig om het hoofd geknoopt en een tas aan de arm, wandelen ze gedecideerd voorbij. Ik schiet in de lach, het lijken de vier zussen Kleinjan wel. Ik maak snel een foto die perfect is en die ik onmiddellijk naar mijn zussen app. Was dit een blik in de toekomst?

Oude muren zijn betegeld met mozaïeken waarbij alle tinten blauw wederom overheersen. Hier gaan commercie en traditie hand in hand en passeren we de ene winkel na de andere. Met de hand geborduurde tafelkleden zijn favoriet. Overal staan bankjes en het gras is netjes onderhouden. Oudere echtparen zitten genoeglijk naast elkaar. Ze hebben alles al eens meegemaakt en willen op de foto, het liefst met mij erbij. Geen probleem, ik ben een gewillig slachtoffer.

Bij en winkel heeft de eigenaar de meest vreemde en bontgekleurde hoofddeksels uitgestald. Dikke bontmutsen, mutsen met hoorns, veel gouddraad en glimmende stenen. Het lijken hoofddeksels voor de dansers en muzikanten. De kleuren blauw en goud overheersen.

Een oudere vrouw met een lange, witte sluiter die bijna de grond raakt, zit op een stoel bij de ingang om een oogje op de hoeden, de klanten en de verkoop te houden. Het is een heerlijk kitscherig geheel waar ik blij van word. Om de aandacht te trekken staat er naast de ingang een gouden echtpaar met hun troon. De vrouw draagt gouden kleding en er hangt voor kilo's aan bijpassende sieraden aan haar lijf. De man oogt woest met zijn zwarte baard en blauw-gouden jas.

Als ik me omdraai zie ik torens en koepels waar we geen genoeg van krijgen. Ik kijk naar boven en zie op de koepel van een groot stenen, kleurloos gebouw een nest met twee plastic ooievaars staan.

In deze stad is opvallend veel toeristenpolitie op de been, die stuk voor stuk een politiescanner bij zich hebben. De gewone politie loopt ook rond en enkele agenten dragen indrukwekkende geweren. Op een zwarte tank van een motorfiets staat met grote letters *tourist police* geschilderd. De sfeer is ontspannen. In groen geklede mannen maken muziek. Twee heren op leeftijd zitten lekker tegen elkaar aan op een groot eenpersoonsbed. De ene man leunt zwaar op zijn wandelstok, terwijl de andere met grijs baardje en snor stijf rechtop zit. Een oma met dikke, donkere wenkbrauwen slaat haar arm om haar kleindochter en wil op de foto. Ik ga graag op dit verzoek in.

We lopen gebouwen binnen en laten ons betoveren door het fragiel ogende tegelwerk, dat mooie, patronen vormt. In bogen en nissen komen de figuren en mozaïeken samen. We zien nu zachtgele en lichtoranje kleuren. In een blauwe tegelrand zijn teksten verwerkt. Ik denk verzen uit de Koran.

Naast alle trappen zijn hellingen gemaakt, waar een rolstoel met enorme snelheid af zou kunnen racen. Ik zie niet dat ze gebruikt worden. De agenten helpen behulpzaam moeders met kinderwagens en buggy's de trappen af en op. En nee, fietsers zijn niet welkom en worden zonder pardon weggestuurd.

Naast de weinige westerse toeristen zien we veel bezoekers uit de omliggende landen. Niet dat wij het verschil zien tussen een Oezbeek, een inwoner uit Kazachstan of Kirgizië.

Twee dames op leeftijd moeten giechelen wanneer ik een foto maak. De handen en monden vol met ijs. De dames laten me pas gaan wanneer ik een foto maak van ons drieën met mijn telefoon. Geen probleem. Negen vrouwen en een man gaan stijfjes naast elkaar staan voor een foto. Het lijkt een groep mensen van het platteland die een dagje naar de grote stad zijn. Het heeft nogal wat voeten in de aarde voordat de fotograaf tevreden is en afdrukt. Hij geeft ons zo onbewust de tijd om enkele foto's te maken. Op de foto gaan is hier een serieuze zaak.

Aangetrokken door weer andere muziek lopen we verder en zien vrouwen, niet de jongsten, vol overgave dansen. De ene heeft een mand met plastic fruit op haar hoofd, de andere draagt een schaal waar een kan met vier mokken op staan. In haar ene hand houdt ze een schotel vast. Vier vrouwen zingen op het ritme van de muziek mee en kinderen zitten gehurkt op de grond met grote ogen naar alles te kijken. De messenslijper laat zich niet storen door alles en zit met gebogen hoofd in zijn winkel de administratie te doen. Aan de wand hangen allerlei messen in diverse formaten. Naast de messen staat een collectie kaarsenstandaards.

In een theehuis zitten een paar mannen te kaarten. Flesje water op tafel. Aan de gezichten te zien is het een serieus spel. Veel zaken hebben de deuren openstaan en daar doen ze ons natuurlijk een groot plezier mee.

Op een tafel in een bescheiden restaurantje staan tientallen verschillende metalen borstels, althans dat denk
ik in eerste instantie. Fout. Op de voorkant staat Bukha-
re Bread Stamps. Houten stempels met metalen stekels
waarmee men mooie patronen in het brood kan prikken.
Ze zien er veelgebruikt uit.

In de avond gaan de lichten in en op de gebouwen aan,
doen de ballonnenverkopers goede zaken en wandelen
we heerlijk rond. We genieten van de mensen en de
gebouwen waarvan de slanke Kalon minaret ieders
aandacht trekt. Ook de onze.
Deze toren stamt uit de twaalfde eeuw, is 45 meter
hoog en was in die tijd de grootste vrijstaande toren ter
wereld. Het gebouw lijkt veel op een vuurtoren. Breed
van onderen en licht taps toelopend naar boven, waar
door alle openingen in de top het licht naar buiten valt.
Schijnwerpers op de grond zetten de toren in vuur en
vlam en dat alles tegen een blauwe avond die steeds
donkerder wordt in het verdwijnende daglicht. Dzjengis
Khan was zo onder de indruk van de schoonheid van dit
gebouw, dat hij zijn mannen de opdracht gaf om dit
gebouw te sparen terwijl de rest allemaal werd
vernietigd. Deze toren is opgebouwd uit diverse lagen
steen die allemaal in andere patronen op elkaar zijn
gebouwd. Wij reizen in een sprookjesland van geborduurde stenen.

De citadel Ark-i-Oli

Onze auto staat op het binnenterrein, pal tegenover onze kamer.

'Ik kan en durf het zelf wel, maar ik heb de indruk dat zij dit graag zelf willen doen,' zegt Jan en geeft de sleutels aan de manager die ze vervolgens aan een jonge knaap geeft die hier werkt.

'Hij moet het nog leren. Hij heeft geen rijbewijs,' zegt de eigenaar die eraan komt lopen.

De jongen doet zijn best. Hij draait, gaat in de achteruit, dan in de vooruit om met een rood hoofd door de openstaande deuren te rijden om de auto vervolgens op de weg te parkeren. De mannen kijken allemaal met leedvermaak naar zijn geworstel, terwijl ik met hem te doen heb. Zo veel toeschouwers.

'Ik kan het zelf sneller,' hoor ik Jan mompelen.

Jan rijdt de stad uit, we willen naar de Ark van Bukhara of Boechara, het is maar welke spelling je voorkeur heeft. Het ligt in de stad, maar zo ver van het centrum verwijderd dat we het gerechtvaardigd vinden om de auto te nemen. De temperatuur loopt snel op, de auto heeft airco en we zijn zuinig met onze energie.

Het is druk op de weg met allemaal chauffeurs achter het stuur die hun eigen interpretatie van de verkeersregels hebben. Een rode Lada bezwijkt bijna onder een metalen kist, formaat lijkkist, die dwars op het dak ligt. Een gele vrachtwagen met een dragline staat op de weg geparkeerd en heeft zo te zien geen haast. Iedereen rijdt er keurig omheen.

'Volgens mij hebben ze daar koffie,' wijs ik naar links.

Een vrouw, ingepakt, alleen haar ogen zijn te zien, alsof ze op het punt staat af te reizen naar de koudste plek op aarde, is druk aan het werk. Aan haar voeten witte sokken in groenblauwe slippers. Ik ontwikkel een sokkenfetisj grinnik ik in mezelf, en maak de ene na de andere 'leuke sokken met slippers' foto.

Platte broden zo groot als wielen van een kinderfiets liggen pal in de zon. Ze bakt somsa's die ze met een grote schuimspaan uit de hete oven haalt. Ze beschikt over twee ovens, die op een platte kar staan. Foodtruck 2.0? In rieten manden liggen tientallen broden te wachten op hongerige magen. Een man, gekleed als een automonteur, legt alles keurig op een rooster. Ze schudt haar hoofd, ze heeft geen koffie maar thee. Ook goed. Wanneer we gaan zitten, zet ze direct een bordje met twee hete somsa's voor ons neer. Een gevulde witgroene theepot met gouden schenktuit en handvat met twee bijpassende kommetjes zet ze ernaast. Terwijl we de hete, bittere thee drinken, fietst er een man voorbij met een zelfgemaakt houten kistje op het rekje dat dienst doet als een bagagebak.

De vrouw is druk. Ze trekt de bovenste laag kleding uit en gaat brood bakken. Ik denk dat die kleding nodig was om haar te beschermen tegen de hete somsa-oven. Brood bakken zal waarschijnlijk minder heet zijn. Plastic handschoenen aan om de hompen deeg geroutineerd plat te slaan met haar handen. Ze pakt een veel gebruikte broodstempel om patronen mee in het brood te maken. Wat leuk, vooral omdat ik gisteren een foto heb gemaakt van een tafel vol met verschillende stempels. De vrouw knikt wanneer ik haar duidelijk weet te maken dat ik de somsa's graag mee wil nemen. Zo, de lunch is hierbij geregeld. Ze lacht haar gouden tanden bloot en kijkt me met een vrolijke blik aan. Ik neem de broodjes mee en we kunnen weer verder.

Jan passeert een vrachtwagen van Combi Plant bloemen en planten uit Bommel. Hoe zou deze hier terecht
zijn gekomen? Een bord wijst de weggebruiker op de
mogelijkheid om de wagen te laten douchen. Een te
kleine vrachtwagen vervoert een reusachtige stier.
Allemachtig wat een beest. Wat zou er gebeuren als die
weet te ontsnappen?

We doen nog een poging om een koffie te scoren en
stoppen ergens aan de kant van de weg bij een zaakje.
 'Sorry, ik kan jullie alleen oploskoffie aanbieden. Het
weekeinde was hier een festival en ik ben door mijn
voorraden heen,' klinkt het op een verontschuldigende
toon. 'Over een uur wordt er van alles bezorgd en heb
ik koffie.'
 Aha, dat verklaart de drukte van de laatste dagen in de
stad. Ik heb overal posters zien hangen die verwezen
naar een goud- en borduurfestival, maar er verder geen
aandacht aan besteed.
 'Oploskoffie is prima.'
 Hoe langer het duurt, hoe lager onze eisen zijn. In het
gras staat een groot schaakspel uitgestald. De stukken
hebben de vorm van een sultan of een kamelenkop aan
de zijkant.
 'Is de Ark hier in de buurt?' vraagt Jan aan de man
die de koffie brengt en redelijk Engels praat.
 'Da's hier om de hoek, het is maar een paar honderd
meter lopen.'

De Ark-i-Oli, wat 'citadel' betekent, is bijna een stad in
een stad. Het fort, zoals ie ook wordt genoemd, heeft
een lange geschiedenis van opbouwen en instorten en
weer opbouwen achter de rug lees ik in mijn gids *De
Zijderoute*. Er zijn meer dan 140 monumenten te
bewonderen, in en buiten de stad. Het leuke is dat ze
allemaal tussen de woonwijken liggen. Het dagelijks

leven drapeert zich eromheen. De inwoners doen hun eigen dingen, en zullen zich na verloop van tijd nog amper bewust zijn van het feit dat ze in een van de mooiste steden in Centraal-Azië wonen.

We zien voor het eerst een paar bussen staan die tientallen bezoekers hebben afgeleverd. De eerste keer dat we zo veel toeristen bij elkaar zien. De chauffeurs hebben de klep van de bagageruimte opengezet en gebruiken de vrije tijd om een tukkie in deze ruimte te doen. Op de bodem ligt een dik kleed of een klein tapijt. Het zou me niet verbazen wanneer ze hier ook de nacht doorbrengen.

Er is volop ruimte voor de bezoekers die met eigen auto komen. Er staan zandkleurige partytenten op de parkeerplaatsen waar de wagens enigszins beschermd worden tegen de zon. Grote schijnwerpers zullen 's avonds voor de juiste sfeer zorgen.

Er staat een opgetuigde kameel met een trapje bij de ingang. Eindelijk zien we een kameel op de Zijderoute, ook al is het een treurige. Op zijn rug hangt een donkerbruin kleed met twee grote openingen voor de bulten. Toeristen klimmen het trapje op en laten zich vol trots op de foto zetten.

In dit complex was vroeger een gevangenis waar stallen bovenop waren gebouwd. Dat was een doelbewuste keuze. De paardenpoep stroomde langzaam naar de gevangenis toe om de misdadigers extra te straffen. Het is indrukwekkend wat mensen kunnen bedenken om anderen te straffen. De gevangenis, de paarden en de stank zijn verdwenen; het gebouw is blijven staan.

De Ark ligt aan een groot, leeg plein. Ooit stonden hier de mooiste gebouwen die konden wedijveren met de gebouwen in Samarkand. Tijdens de Sovjet-overheersing is bijna alles gesloopt. De moskee en dit fort bleven gespaard. Zoals zo vaak kleeft er ook een andere kant aan dit gebouw. In vroeger tijden werd hier de slavenmarkt gehouden en ook publieke executies vonden op dit plein plaats. In de galerij boven de poort speelde een orkest om de onthoofdingen luister bij te zetten.

Er staan golfkarretjes en tuktuks klaar om de bezoeker rond te rijden. Maar, het is natuurlijk vele malen leuker om erop eigen voeten langs te wandelen; zo krijgen we een goede indruk van de grootte. Het gebouw staat wijdbeens op de grond en loopt taps toe naar boven waar het eindigt in een rand van kantelen. De poort staat open en is in een lichtcrème kleur geschilderd. Vroeger was dit de ingang voor de heersers die met wrede hand heer en meester waren.

Op de hoeken staan torens. Er zitten ramen in zonder glas. Een vlechtwerk van ijzer zorgt ervoor dat de mensen er niet uit vallen. Uit de muren, die zes meter dik zijn, steken ronde palen die op reuzenkaneelstokken lijken. Het doet ons denken aan de moskeeën en andere gebouwen die we jaren geleden in Mali hebben gezien. Van Mali weet ik nog dat deze als een ladder werden gebruikt om na het regenseizoen alles weer te kunnen restaureren. Voor de zoveelste keer wordt het allemaal weer opgeknapt. De stokken lijken erg 21^e eeuws. Ik heb de indruk dat er nog heel wat kaneelstokken nodig zijn voordat alles weer is hersteld. Het ziet er netjes uit, te netjes voor een eeuwenoud gebouw. De kantelen steken als een haakwerkje scherp af tegen de korenbloemblauwe hemel.

Nergens ligt afval, de sfeer is prettig en we genieten van alles. Zo rondlopend krijg je een indruk van het machtige gebouw dat volledig uit zandkleurige stenen bestaat. Het is wederom een complex dat imponeert. Een minaret steekt de lucht in, de blauwe koepels glanzen in de vroege ochtendzon en een ATM brengt ineens de moderne tijd binnen. Er is een museum maar vandaag kunnen we de verleiding weerstaan en wandelen door. Met het stijgen van het kwik daalt mijn energie.

Vrouwen lopen gehaast, met een mobiel in de hand, door de straten en een man fietst langs met een rode stofzuiger op het bagagerek. Een man uit buurland Kirgizië of Kazachstan loopt voorbij. Op zijn hoofd het typische hoofddeksel van wol en vilt, lekker warm en uitermate geschikt bij deze temperaturen...

Wanneer we teruglopen is de foto-kameel met eigenaar verdwenen. Er staat nu een kleiner exemplaar, zonder trap. Het beest knikt door zijn knieën en een kind krabbelt er voorzichtig af. Een in hardroze geklede vrouw wil en moet op het dier. De kameel gaat soepeler door de knieën dan de vrouw Ik kijk gefascineerd toe, misschien valt ze er wel af...

Deze citadel werd rond de vijfde eeuw voor Christus gebouwd. Dit is het oudste monument van archeologie, geschiedenis en cultuur, lees ik op een bord. Ik neem het klakkeloos aan. Het is mooi, het is groot en daar hoort een ijsje bij. De verkoper doet goede zaken. Met een soeplepel schept hij onze hoorntjes zorgvuldig vol. Op een bank in de schaduw tussen drie stevige dames is nog plek. In volledige harmonie lebberen we onze ijsjes op en wandelen meer dan tevreden terug.

De deuren van Lola staan uitnodigend. Jan rijdt in één vloeiende beweging de wagen naar binnen en parkeert hem strak - zonder toeschouwers - tegen de muur!

Vier minaretten

'Ik heb wat gelezen over een moskee met vier minaretten, de Chor Minor. Het is hier amper een kilometer
vandaan,' zegt Jan.
'Leuk. Gaan we decadent met een tuktuk,' reageer ik.
'Het is heet, we hebben de nodige meters al in de benen
en dan kunnen we teruglopen.'
In het kader van 'een mens moet alles proberen', lijkt
me dat een goed voorstel. De vriendelijke man bij de
receptie kan en wil alles regelen.
'Betaal maar aan mij. Ik zal hem betalen,' zegt hij.
Slim, zo kan hij een paar centen verdienen. Het is
hem gegund. Hij heeft ook kleren voor ons gewassen en
deze zelfs gestreken teruggebracht.

Niet veel later komt er een slanke man, een jochie nog,
in een brandschone tuktuk voorrijden. De man stuurt
het voertuig feilloos door de nauwe straten van de
binnenstad. En daar poppen de vier minaretten op. Op
de ene staat een rieten nest met twee plastic ooievaars.
Vroeger was het hier drassig en moerassig en dat waren
de perfecte omstandigheden voor ooievaars. De moe-
rassen droogden op, de grote vogels vertrokken en
hebben tegenwoordig plaatsgemaakt voor plastic dieren
die voor altijd zijn bevestigd op dit gebouw. Ook
andere gebouwen zijn hier mee opgesierd. De water-
poel die ooit voor dit gebouw stond, is gedempt. Voor
de huidige vogels maakt het niets uit. Alles is netjes
aangelegd en bezoekers dwalen relaxed rond.

In het begin van de negentiende eeuw liet een Turkmeen met veel geld deze madrassa bouwen. Door op alle vier de hoeken van dit twee verdiepingen hoge gebouw een minaret te plaatsen, is Chor Minor nu een veel bezocht monument en het is een leuke. In dit bescheiden gebouw heb ik het gevoel dat ik alles kan bekijken. Veel gebouwen zijn te groot, te indrukwekkend om te behappen. Van de koranschool is niet veel meer over, maar de vier torens staan als paddenstoelen stevig overeind. De blauwgroene tegels glimmen in de zon.

De naam Tsjor Minor - verschillende manieren van schrijven zorgen soms voor verwarring bij de bezoeker - is een bijnaam en betekent 'Vier Minaretten' in het Tadzjieks. Er is een grote souvenirwinkel waar allerlei memorabilia, een chic woord voor oude meuk, worden verkocht uit de tijd van de Russische overheersing. Een groot assortiment van hoeden, petten, gasmaskers, legerkleding en medailles. Er liggen zo veel medailles dat elke inwoner er eentje op kan spelden. Gelukkig worden er ook kleden, vrolijke tasjes, oliekannen en theepotten, veel theepotten verkocht. Alles bedekt met een dikke laag stof. Al met al een merkwaardige combinatie.

We kopen een kaartje, omdat we nu eenmaal niks willen missen, en lopen de trap op. De houten trapleuning is met stroken stof vastgemaakt, de treden zijn ruw en voorzichtig loop ik naar boven, waar we over de stad kijken. Elke toren heeft een andere vorm. Voor zover men weet is dit het enige gebouw in dit land met vier torens. Nu we alles met eigen ogen hebben gezien, vinden we het verdiend dat dit juweeltje op de Unesco-lijst staat.

De schaduw zo veel mogelijk opzoekend, lopen we terug naar ons hotel, waar in de buurt een leuk restaurant is. Daar zijn we diverse keren langs gelopen en er zit-

ten altijd twee heren met een jaloersmakend gemak op
een ligbed een kaartspelletje doen. Ik heb de indruk dat
de mannen er in de ochtend als een attractie worden
neergezet en 's avonds opgehaald worden. Er zijn ook
geriefelijke tafels en stoelen. We bestellen een bord
plov dat we deze keer met spaghetti krijgen. Weer is
één portie voldoende voor ons beiden en tevreden lopen
we terug naar onze kamer.

'We kunnen hier het platte dak op. Ik ben er al een
paar keer geweest,' zegt Jan, terwijl ik bezig ben om
onze geparkeerde auto tegen de binnenmuur met tapijten op de foto te zetten.

'Dat wil ik zien,' en we lopen de trap op waar zwart-
witte wasjes wapperen en waar duidelijk geen geld is
besteed om het netjes te maken.

Nu denk ik dat de meeste gasten hier niet komen en
dat is voor Jan een reden om op onderzoek te gaan. Het
is een wirwar van schoorstenen, kasten, draden, palen
en ijzeren stangen, maar in de verte zie ik de blauwe
koepels van de gebouwen. Op een weesstoel staat een
mandje met kleurige wasknijpers.

We lopen terug en passeren een kamer van een
werknemer. Een matras op de grond, een kast vol
linnengoed, een gestreken overhemd aan een hanger, en
een strijkplank met een strijkijzer die met draadjes en
plakband aan elkaar zit.

Op weg naar Khiva

'Hier heb je mijn telefoonnummer. Kunnen jullie appen mochten jullie besluiten om op de terugweg hier te overnachten,' duwt de manager ons een briefje met zijn nummer in handen.

Het personeel en de eigenaar zijn vriendelijk en behulpzaam op een prettige manier, totaal niet opdringerig.

'Dit is voor jou,' zegt een van de jongens op een verlegen toon en geeft me een doos Tolib, halal bonbons van zachte noga en marsepein met nootjes.

Ze liggen altijd bij het ontbijtbuffet en ik heb er onbeschaamd van zitten snoepen. Wat superlief, ik pak het graag aan. Nog een laatste foto, een warme knuffel om vervolgens door het complete team uitgezwaaid te worden. In Oezbekistan word je behandeld als een familielid.

'Gatver. Ik ben vergeten om naar de hotelregistratie te vragen. Misschien kun je appen en vragen of hij er een foto van maakt?' zeg ik.

Elk hotel, guesthouse, B&B, of waar bezoekers maar overnachten, moet dit registreren. De gast krijgt een bewijs van overnachting en moet dat bij vertrek aan de douane kunnen laten zien. Het schijnt een willekeurig beleid te zijn, er wordt meer niet dan wel naar gevraagd hebben we gehoord, maar we nemen geen risico. Dat de man er ook niet aan heeft gedacht, geeft ons de indruk dat het geen strikt beleid is. Jan appt de man. Douaneformaliteiten moeten zo soepeltjes mogelijk verlopen. Als reiziger sta je per definitie met 2-0 achter.*

Jan rijdt Boechara uit, richting Khiva. Ik ga er geriefelijk naast zitten en ben helemaal klaar voor de rit van 430 kilometer, die volgens de hoteleigenaar een slechte weg van ruim 600 kilometer is. We gaan het zien. Er wordt volop gewerkt aan de weg. Waar we reizen wordt overal en dan bedoel ik echt overal, aan de weg gewerkt. Ondanks het saaie landschap is er van alles te zien. We passeren een auto waarvan de lading op het dak groter is dan de wagen. Ondertussen speur ik naar een geschikte koffieplek waar we beschut kunnen zitten. Ach, overal kunnen we wel staan. Jan slaat een afrit in en parkeert de wagen. In de kofferbak van de auto maak ik onze koffie klaar en pak er de laatste stroopwafels bij.

De hemel kleurt van korenbloemblauw naar dreigend donkerblauw, maar het blijft droog. De weg is goed en soms kan Jan zelfs wat harder rijden. Het is onduidelijk hoe hard er gereden mag worden. Er is overal camerabewaking en bij het inleveren van de wagen kunnen de huurders de bekeuringen ter plekke betalen, zo is ons verzekerd. Een hele geruststelling.

Bij het Zahratun-wegrestaurant staan twee yurts, op een stenen cirkel op de zanderige grond, omheind met takken. Op het hek een bord dat reclame maakt voor koffie. Meer hebben we niet nodig om te stoppen. Wanneer ik dichterbij kom, zie ik dat de tenten van plastic zijn en ingericht om gasten te ontvangen. Buiten staan drie stenen kamelen op een verhoging in het woestijnzand. De stenen kamelendrijver staat er dromerig kijkend bij, stok in de hand, een tulband om zijn hoofd. Weer een verwijzing naar de Zijderoute. Kleine zonnepanelen zijn op stenen verhogingen bevestigd en zorgen voor de nodige stroom om de kamelen in de avond in het zonnetje te zetten.

Jan zijn telefoon rinkelt. Er komt een foto binnen van onze overnachtingen in Boechara.

Het waait enorm, bomen buigen krom en het zand stuift overal. Er staan een paar bussen geparkeerd en dat geeft aan dat men hier is berekend op grote groepen mensen. Na ons stopt een bus van Chai Tour met Chinese of Japanse bezoekers. Ik kan het verschil niet zien. Het maakt niet uit. De reisleidster stapt als eerste uit en deelt tot ons grote plezier toiletpapier uit. Wij kijken gefascineerd toe. Je moet dus buiten beslissen hoeveel papier je nodig denkt te hebben. Een slechtlopende meneer op leeftijd wil graag wat meer. Ze trekt nog een paar vellen van de rol af. De chauffeur van de bus loopt weg en rookt een sigaret.

'Japanners, want ze maken geen foto's van ons,' concludeer ik.

Ik ga naar het toilet en schiet in de lach wanneer ik zie dat er meer dan voldoende toiletpapier is. De Japanner hecht waarschijnlijk aan zijn vertrouwde papier. Ook hier kost een bezoekje aan het toilet 2.000 *cym* of sum, amper veertien cent en dat is inclusief wc-papier. Ik ben dol op tankstations en wegrestaurants in het buitenland. De sfeer is vaak morsig, losjes en prettig.

Een jonge vrouw met mondkapje en haar haar losjes met een knip vastgemaakt, bakt broden. Natuurlijk staat er een somsa-oven. Vijf mannen zitten op de grond rondom een houten tafel te ontbijten. Ze kijken me uiterst serieus aan en minzaam wordt toegestaan om een foto te maken. Kleurrijk geklede vrouwen zitten tevreden op een bank; gouden ringen in de oren, hoofddoek om, gekleed in lange jurken, de benen in zwarte leggings die eindigen in sokjes aan de voeten met donkere slippers. Allemaal belast met het nodige overgewicht, zitten ze wijdbeens naast elkaar. Overgewicht is geen beletsel om te snoepen heeft de grootste van de vier gedacht, en werkt tevreden een indrukwekkende ijsco naar binnen.

Vrachtwagens denderen voorbij; het verkeer blijft me

boeien. Een stoffige, blauwe vrachtwagen heeft de rode gastanks laag onder de wagen hangen. Een witte wagen met dikke, rubberen slangen op het dak, parkeert strak naast de onze. De schoenenverkoper heeft zijn voorraad keurig uitgestald bij het hek en verwacht zo te zien veel klanten. Zwarte instappers staan als een bataljon soldaten in het gelid opgesteld, af en toe onderbroken door een bruine schoen. In dozen meer schoenen en zelfs op het dak van zijn auto en op de motorkap staan de schoenen uitgestald. Een bijzondere plek. Er is een bescheiden supermarkt waar een grote auto met aanhangwagen, het dak bedekt met koffers en tassen, pal voor de ingang parkeert. De afhaalcappuccino uit de pikzwarte bekers met bijpassende deksels smaakt verrukkelijk en wij hebben veel om naar te kijken.

We rijden een wagen voorbij, waarvan de aanhanger gevuld is met versgemaaid gras. Op de andere baan rijden enorme vrachtwagens met opleggers - waar op-vallend vaak nieuwe auto's op staan. Allemaal wit, alle-maal hetzelfde merk en bijna altijd worden er negen auto's vervoerd. Wat een mens kan opvallen. Naast het gemotoriseerde verkeer zie ik ineens twee fietsers, kromgebogen over het stuur, tegen de harde zandwind in fietsen en ik moet aan de eenzame fietser van Boudewijn de Groot denken. Aan de andere kant van deze weg zie ik een hotel en niet veel later een motel. Het is duidelijk: aan de weg van Khiva naar Boechara is meer te doen dan andersom. Hoewel, aan onze kant spot ik een picknickplaats. Dat is een unicum hier. Kar-tonnen borden, dit keer van levensgrote koeien en scha-pen, wijzen de weggebruiker op overstekend wild. Het lijkt misschien naïef, wat kinderlijk zelfs, maar het werkt.

'Kijk daar eens, nog een fietser,' wijs ik.

De fiets, de man en zijn kleding maken duidelijk dat

het een reiziger is. Ik kan er alleen maar respect voor hebben. Fietsen op deze wegen, waar men niet aan fietsers is gewend, de straffe wind en het rondvliegende zand, is een pittige klus. Misschien worden er over een tijdje wel kartonnen fietsers langs de weg geplaatst?

Bij het plaatsnaambord Nukus staat een groene, levensgrote, kartonnen koe als waarschuwing. Groene koeien? Mijn camera zou overuren maken. De weg voert ons door een kaal landschap waar elektriciteits- palen en groene bosjes voor afleiding zorgen. Af en toe staat er een politiewagen aan de kant van de weg en moet er gestopt worden. Waarom? We hebben geen idee. Zij ook niet, heb ik de indruk. Als lastige vliegen worden we doorgewuifd.

We rijden door een woestijn. Wanneer je van A naar B rijdt, zonder te stoppen, zie je een saaie vlakte. Een woestijn is echter veel meer dan zand. Zo gauw je stopt en ernaartoe loopt zie je onmiddellijk dat ervan alles groeit, bloeit, kruipt en ritselt.

Het verkeer eist onze aandacht op. Er steekt een ezel de weg over en koeien en schapen scharrelen hun kostje in de bermen bij elkaar. Jan heeft al zijn vaardigheden nodig om ons goed en veilig door het verkeer te lood- sen; ik weet dat hij van elke meter geniet.

We zien regelmatig yurts tussen de woningen staan die authentieker lijken dan de plastic tenten bij het restaurant. Op de daken van huizen en stallen liggen grote bundels stro te drogen. Wanneer een muur een beetje aan het vervallen is, piept het stro uit de lemen wanden.

'Stoppen, stoppen,' gebaart een jonge man.

Over de rivier ligt geen degelijke brug maar een pon- tonbrug die in elkaar lijkt te zijn geknutseld.

'Eerst betalen en dan mogen jullie de brug over.'

Ik betaal en krijg een keurige bon, mét barcode.

'Stap maar uit, dan kun een filmpje maken als ik erover rijd,' zegt Jan.

Het ziet er onbetrouwbaar uit. Aan elkaar gespijkerd, losse onderdelen die door zware metalen kettingen bij elkaar worden gehouden. Grote gaten laten het smerige, bruine water zien en ik loop de brug over en zie meer dan ik leuk vind. Naast de grootste gaten liggen zand- zakken en in de berm graast een loslopende koe. Naast de brug liggen kleine boten waarop het personeel woont. Kleden op de bodem en de tafel in het midden op een houten verhoging. Onder de verhoging is ruimte voor alle bagage. Gaat men hier een nieuwe brug bouwen? Of wordt alleen deze oude zo goed mogelijk onderhouden? Geen idee. Maar, wij zijn aan de overkant en ik ben blij dat ik in de auto kan stappen.

De weg is nu ronduit slecht, de kanten rafelig en Jan slalomt om het ene gat na het andere. Een schitterende zachtcrème moskee met een frisse blauwe koepel popt op. Op de koepel een halve maan. Alle kleuren blauw die er zijn vormen mooie mozaïeken rondom de ramen en openingen. Een rood vrachtwagentje puft voorbij. Een trekker met een groot landbouwvoertuig voorop ziet er vervaarlijk uit. Rare trekkers met één voorwiel en twee achterwielen. Maar dan, eindelijk zie ik Xiva, zoals het hier wordt geschreven, op de borden staan. Dat is de eerste keer. Jan twijfelde geen moment dat we op de juiste weg reden, maar een verkeersbord met de plaats van bestemming erop zien staan is prettig. Nog negentien kilometer. Er verschijnen meer huizen langs de kant van de weg. Grote, bruine dozen steken uit een openstaande kofferbak van een auto voor ons. Jan rijdt eromheen. Een kleine, dikke vrouw staat in gedachten verzonken op de stoep en wij rijden eindelijk de stad in waar onze navigatie het spoor compleet bijster raakt.

'Daar mag ik niet in. Eenrichtingsverkeer. Ik weet zeker dat we in de buurt zijn,' zegt Jan die tuurt en kijkt.

Hij rijdt, draait de wagen, kijkt, zucht: we komen er niet. Jan belt het hotel.

'*No English*,' horen we zachtjes door een krakerige verbinding.

Dit schiet niet op. We vragen de weg en laten de naam van het hotel zien. Mensen schudden allemaal hun hoofd.

'Zullen we een taxichauffeur vragen? Dan rijden we daar achteraan,' stel ik voor.

Ik ben er klaar mee en verlang naar een fijne kamer.

'Nog niet. Ik wil het nog een keer proberen,' zegt Jan, die achter een taxi aanrijden echt het laatste redmiddel vindt. 'Het moet hier zijn, de navigatie stuurt me iedere keer hier naartoe, maar ik mag die weg niet in. Volgens mij is de weg naar het hotel afgesloten. Ik parkeer de auto en dan gaan we lopend op verkenning.'

We gaan te voet verder en passeren een aantal taxi's waar de chauffeurs op klandizie wachten.

'Kan ik jullie helpen? Hebben jullie een taxi nodig?' vraagt een van de mannen.

Graag, we zijn het zat. We maken hem duidelijk waar onze auto staat, dat we eerst daar naartoe willen om daarna achter hem aan te rijden, ervan uitgaande dat alle taxichauffeurs alle wegen en kronkels kennen. Ik stap in zijn kleine taxibusje, Jan rijdt achter ons aan.

'Mag ik het adres en de naam van het hotel nog eens zien,' maakt de taxi-man ons duidelijk.

De man vraagt, schiet iemand aan, iedereen schudt zijn hoofd. Zou het hotel wel bestaan? De man belt het hotel, aan zijn gezicht te zien is hij niks wijzer geworden. Hij vraagt nog een keer en ik krijg er lol in. Niemand schijnt te weten waar het hotel staat, ik ga er goed voor zitten en laat me geriefelijk vervoeren door alle nauwe straten, terwijl Jan als een chaperonne achter mij aanrijdt. Maar dan… rijdt hij zelfverzekerd die straat in waar we al een paar keer voor stonden. Een bord maakt goed duidelijk dat het een eenrichtingsweg is. Voor hem gelden andere regels.

Een kleine man, telefoon in de hand, staat zwaaiend op ons te wachten. Hij is de eigenaar van Hotel Allanazar Ota en minstens zo blij om ons te zien als wij hem. Het heeft ruim een half uur gekost, maar we zijn er en zien vanaf de straat de eerste schitterende gebouwen opdoemen. De taxichauffeur vraagt de hoofdprijs. We hebben vergeten een prijs af te spreken. Ik betaal de man en ben blij dat we er zijn.

Het is ons weer gelukt om een hotel in het oude centrum te krijgen. De houten overkapping en bijpassende pilaren bij de entree zijn bewerkt met allerlei patronen. Het ziet er nieuw uit. Het is een familie guesthouse lees ik op een bord bij de ingang. De man en zijn gezin wonen hier ook.

Dat we het hotel niet konden vinden, in rondjes reden en tegen het verkeer in, maakt niet uit: we zijn er. Alles wat we graag willen zien ligt op loopafstand en dat maakt het tot een perfecte plek. De eigenaar heeft Google Translate op zijn telefoon; we kunnen met elkaar praten en begrijpen elkaar zelfs.

Onze kamer is bescheiden met drie smalle bedden maar heeft alles wat we nodig hebben; we kunnen zelfs koffie en thee zetten. Het is schoon, fris en fruitig, met een mooie badkamer, waar twee paar plastic badslippers staan. Het is zo netjes dat we de slippers niet nodig hebben; wij kunnen hier prima op blote voeten lopen.

De man overhandigt ons de kamersleutel, waar een kleine Eiffeltoren aan bungelt. Er is een grote, overdekte ruimte met grenen eettafels en kitscherige stoelen met gouden biezen. Ik vind het geweldig.

De wind is gaan liggen, de blauwe luchten komen tevoorschijn en wij gaan op zoek naar een restaurant.
'Jullie kunnen hier eten als je belooft voor half acht
weg te zijn. We zijn volgeboekt,' zegt de man wanneer
we een gezellig uitziend balkon op lopen.
Geen probleem, we zoeken een mooi plekje op en genieten van plov, dumplings en Jan van een groot glas
bier. Hij heeft het dik verdiend. We hebben vandaag
precies 436 kilometer gereden.

*Er is bij ons vertrek niet naar de hotelovernachtingen
gevraagd.

Khiva - Museumstad.
De glans van de paleizen op dit zandig land
Wedijvert met zon en maan.
Honderden patronen sprankelen op de muren
en zijn een feest voor hart en ogen.

Khiva

Het is leuk in deze *homestay*. Je krijgt letterlijk en figuurlijk een kijkje achter de schermen. Er is nog een andere gast en we maken kennis met Fransman Pierre, een knappe man die perfect Engels spreekt.

Het ontbijt is overvloedig. Pannenkoeken, vier verschillende soorten brood en crackers. Diverse noten, thee, koffie; en zo eet een mens veel meer dan thuis. Alles wordt smaakvol opgediend in glimmend en glanzend serviesgoed. Als er een gouden randje omheen kan, dan zit het er ook om. De eigenaar, verkleefd aan zijn telefoon, is zeer behulpzaam en Google translate is zijn beste vriend. Zijn vrouw is druk in de keuken en bemoeit zich niet met de gasten.

Nu Jan eenmaal weet waar we verblijven en dat eenrichtingswegen geen eenrichtingswegen zijn, is alles makkelijk en stappen we zelfverzekerd de deur uit.

In 2021 is deze stad voorzien van nieuwe, ijzeren putdeksels waar een afbeelding van een madrassa op staat. Dat ik altijd goed uitkijk waar ik mijn voeten neerzet heeft dus meerdere voordelen. De straten zijn bedekt met ongelijke stukken steen, het lijken plavuizen die niet overal egaal in de weg liggen. Maar goed, anders had ik dat mooie putdeksel gemist.

Ihan Qalá of Itchan Kala, is de naam van de oude, ommuurde binnenstad van Khiva of Xiva. De spelling van de namen is al net zo ongelijk als de stenen waar we over wandelen. De binnenstad is niet groot, ongeveer vierhonderd bij zeshonderd meter en wordt volledig omarmd door de hoge muur die ontsloten wordt door vier poorten. Elke windrichting zijn eigen poort. Deze oude stad heeft maar liefst vijftig monumenten en 250 huizen die allemaal op de lijst van Unesco staan. De kantelen van de stadsmuur staan als een kartelrand strak afgetekend tegen de blauwe hemel.

De wereld bestaat vandaag uit twee kleuren: blauwe luchten en zandstenen gebouwen. Wanneer een historische stad wordt bewoond, geeft dat sfeer en gezelligheid. In bomen en aan lijnen hangen wasjes te drogen in de zon en bij woningen spelen de kinderen.

Wij zijn lekker op tijd. Niks leuker dan vroeg op ontdekking te gaan, je te laten verrassen, verbazen en vertrouwd raken met een nieuwe omgeving. Maar waarom er een beeld staat van een jongen en meisje is onduidelijk. Het meisje houdt een groot stuk meloen in haar handen waar al een paar happen uit genomen zijn. Er is nergens een bordje dat het beeld duidt. Verkopers richten tegen de oude muren hun stalletjes in en tapijtverkopers rollen hun koopwaar uit over de stenen muren en op de grond. Tussen de tapijten zit een vrouw relaxed om zich heen te kijken. Op de stoel voor haar staat een theepot. Een vrouw, gekleed in een jurk met zebraprint en een lichtroze hoofddoek, zit op haar hurken en legt lappen stof klaar. Op een tafel staan plastic bekers gevuld met popcorn in alle kleuren van de regenboog en op de grond liggen zelfgemaakte, ronde mutsjes in alle kleuren van dezelfde regenboog. De eigenaren van de terrassen maken alles klaar voor de dag van vandaag. Het geeft de stad een ontspannen sfeer.

Vijf mannen lopen, gekleed in smetteloze, traditionele kleding met een zwarte, ronde muts, voorbij. De voorste man lijkt de belangrijkste. Zijn zwarte hoofddeksel is groter dan dat van de anderen en is versierd met een zilveren speld met ketting. Natuurlijk is het voor de bezoekers, maar het is leuk. Ze kijken allemaal stoer en dragen baarden. Hun kleding is rijkelijk gedecoreerd met gouddraad. Dat kan dus, stoer zijn in een soort van ochtendjas met gouddraad. Twee mannen lopen hevig discussiërend voorbij terwijl een vrouw ons passeert in een zwart-witte tuniek, bijpassende sokjes en groene slippers. Mijn ogen maken weer overuren.

Op een standaard zijn zilveren en gouden mutsjes uitgestald. Aan de randen kralenkettingen die kleuren bij de ronde hoofddeksels. Als het maar glinstert. Rekken vol mutsen in allerlei kleuren en maten. Geen idee waarom dit product uitgerekend hier zo populair is. Met zo'n muts op de foto gaan is voor veel bezoekers een geliefde bezigheid. Net als Japanners die graag in een Volendams kostuum op de foto gaan. Vier Russen gaan stijfjes naast elkaar staan, armen recht langs het lichaam. Drie dragen een bontmuts, nummer vier doet hier niet aan mee en houdt zijn eigen petje stevig op het hoofd. De fotograaf drukt af. Vrouwen zoeken op hun gemakje souvenirs uit. Deze verkopers snappen het. Stal je spullen mooi uit, dring niets op, geef de klant de tijd om een keuze te maken en dan doe je goede zaken. Daar kunnen verkopers in andere landen veel van leren. Ik hoor een gids de spelregels van souvenirs kopen uitleggen en heb geen schroom om mee te luisteren.

'Afdingen heeft geen zin. De winkels zijn in handen van één persoon en die hanteert overal dezelfde prijzen,' zegt de man.

Er worden zelfgebreide slofjes te koop aangeboden. Daar wil ik er wel een paar van. De verkoopster kijkt zorgelijk naar mijn voeten die toch heel gewoon zijn. Ze zoekt tussen haar voorraad, kijkt opnieuw naar mijn voeten, zoekt verder en ja hoor, ze heeft iets gevonden dat ze geschikt acht voor mij. Bijna triomfantelijk houdt ze een paar in haar handen dat perfect past bij dit land van blauwe kleuren. Ik betaal en maak graag een foto van haar stralende gouden lach. Met haar witte hoofddoekje, gele jurk en moderne telefoon is ze een mix van oud, goud en nieuw.

Het meest dominante gebouw in de stad is de Kalta Minor minaret. Ooit was het de bedoeling dat dit het hoogste, het grootste en het meest imponerende gebouw in de moslimwereld zou worden. Halverwege de negentiende eeuw (1852) kwam de bouw pardoes tot zijn einde toen de opdrachtgever kwam te overlijden. Volgens sommigen was het de bedoeling dat de toren ruim honderd meter hoog zou worden. De toren is echter nooit afgebouwd en is daardoor de enige in zijn soort die letterlijk en figuurlijk een open einde heeft. Het is tevens het enige gebouw met geglazuurde tegels, lees ik. Een detail dat me niet was opgevallen. Het is ronduit schitterend en elk zichzelf respecterende reisgids zal een afbeelding van deze minaret in zijn boek plaatsen.

Verschillende tinten blauw en groen vormen allerlei patronen en geeft het de uitstraling van een immens haakwerk. Alle steken die men kon bedenken en alle variëteiten van blauw en groen; alles komt wonderschoon samen in dit gebouw. Enkele randen zijn rafelig en hebben onderhoud nodig.

Er staat een grote, stenen kameel met een man op zijn rug, die een mooi geheel vormt met de toren en tevens een verwijzing is naar de oude Zijderoute. In een rand van een ander gebouw zijn kleine afbeeldingen van zwaar beladen kamelen in de tegels verwerkt. Het verleden is hier tastbaar aanwezig.

We lopen langs sarcofagen die half uit de muren steken met teksten waar we geen letter van begrijpen. Het zullen ongetwijfeld graven van belangrijke en nobele mensen zijn.

Het is druk in de stad en op de terrassen, alles is bezet maar we zien onze buurman uit het hotel zitten.

'Leuk, kom erbij,' klinkt het uitnodigend en we maken verder kennis met Pierre die al een paar jaar in Luzerne, Zwitserland, woont.

'Ik heb de meeste Franse naam die er is, mijn achternaam is namelijk Guy,' geeft hij ons lachend een hand.

Hij maakt onze reis - in tegenovergestelde richting en met het openbaar vervoer - in acht dagen. Het is altijd leuk om andere reizigers te ontmoeten en dat Franse Pierre uitstekend Engels praat maakt alle verschil van de wereld.

'Omdat ik niet zo veel tijd heb, heb ik alles goed uitgezocht zodat ik het maximum uit deze reis kon halen. Daarom ben ik van Tasjkent naar Khiva gevlogen. Een vlucht van anderhalf uur.'

We kletsen de tijd voorbij. Want wie reist heeft nu eenmaal veel te vertellen. Pierre is een leuke man en vindt het fijn om zijn belevenissen te vertellen. Koffie met een praatje, we kunnen er weer tegen.

Op de muur van een van de gebouwen veel schilderingen van bruine kamelen, stoere mannen met tulbanden en elegante vrouwen die aan een juk twee kruiken dragen. Alles in bruine en gele tinten. Beelden uit vervlogen tijden. Voor een van de gebouwen staat een spuuglelijke, plastic tijger waar mensen graag mee op de foto gaan. Zo veel lelijks duwt mijn hoofd als vanzelf naar boven, waar veel moois te zien is. Wansmaak vermengt zich met eeuwenoude schoonheid.

Een grijsbruine kameel staat doodstil en het is ten strengste verboden om foto's van het dier te maken. Eerst betalen, dan mag ie op de kiek. Het is een kaal beest. Hij is van top tot teen geschoren; over zijn rug hangt een paars kleed met uiteraard een gouden randje, waar zijn bulten als wiebelige piramides uitsteken. Als ie niet beweegt, lijkt het een beeld van beton.

We passeren een gebouw met zes halfronde openingen. Boven de bruine deuren zijn mozaïeken aangebracht in blauwe kleuren met een kartelrandje als was het een borduurwerkje. Boven de deur ramen zonder glas maar met metalen roosters zodat de wind voor verkoeling kan zorgen. Airco uit vroegere tijden. Het ziet er bijna te nieuw uit. Mensen vinden dat de stad soms te netjes is gerestaureerd en dat daardoor veel charme is verloren. Ik ben van alles onder de indruk; de sfeer, dat alles zo schoon is, dat de zon schijnt, de vriendelijkheid van de mensen en dat we overal lekker kunnen eten.

De lunchkaart is een menu met plaatjes waar in het Engels onder staat wat het is. Maar wat is *tukhum barak*, *dimlama*, of *shivit oshi*? Het blijft raadselachtig. De prijzen staan ernaast. Maar er zijn ook herkenbare plaatjes zoals kip, ravioli, shashlyk en kebab. En plov, uiteraard is er plov. Plov is altijd goed. Ieder restaurant heeft zijn eigen recept en we eten samen een bord leeg. De gehaktrolletjes met rijst, uien en een handjevol chips laten we ons prima smaken. Bij de maaltijd wordt standaard thee geserveerd; de suikerklonten zijn te groot voor de theekommetjes.

Vrouwen dansen vol overgave door de straten. De zon zorgt voor mooie schaduwen van de danseressen terwijl een andere vrouw op haar hurken onkruid uit de bloemenperkjes trekt. Mannen en vrouwen in traditionele kleding maken muziek. Een jochie houdt een kleine tamboerijn in zijn handen en probeert op het ritme van de volwassen mee te spelen. Een geluidsbox versterkt het gezang van de zangeres en dat had van ons niet gehoeven, het is niet onze smaak. Ze zingt vol overgave. Een vrouw houdt een grote tamboerijn vast met een rand van gouden muntjes. Op het instrument is een gezicht geschilderd met zwarte wimpers. Een andere zangeres draagt in haar handen een schaal gevuld met plastic fruit. Een dame danst met een wollen deken in haar handen terwijl de man naast haar uiterst geconcentreerd beweegt op het ritme van de muziek. In zijn rechterhand een met gouden muntjes bedekte taart. Dansen met een voorwerp in je handen is hier tot een ware kunst verheven. Er staat een houten kar met dichte, houten wielen, poppen op de hoeken waarvan de stoffen bak is bewerkt met een kleurige rand. Voor het transport van de dansornamenten?

Drie leraressen met een groep kinderen komen eraan lopen, die er allemaal op hun paasbest uitzien. Ze giechelen, lopen hand in hand uit de pas, stoeien en ravotten met elkaar. Sommige dingen zijn overal gelijk. Ze hebben meer plezier dan het bruidspaar dat we niet veel later zien. Ze kijken niet blij. De man draagt een degelijk grijs pak, zijn bruid gaat gekleed in een wolk van witte tule en glinstert als een kerstbal.

Vaak ontmoeten man en vrouw elkaar pas op de dag van hun huwelijk, lees ik. Nu heb ik een oude gids, hopelijk is er het een en ander veranderd. Vrouwen hebben een ondergeschikte positie en veel zien, na hun huwelijk, hun eigen familie zelden of nooit weer. Huiselijk geweld schijnt in dit land een extreem groot probleem te zijn. Wat ik als bezoeker zie, zijn mensen die leuk met elkaar omgaan. Mannen bemoeien zich met de kinderen, lopen achter de kinderwagen en tutten met hun kroost. Vrouwen komen zelfverzekerd over. Het kan allemaal schijn zijn. Vrouwen werken hard. Vooral aan de wegen, bij de gemeentelijke opruimingsdienst, vrouwen vegen, werken in de tuinen en planten bloemen. Doen allemaal dingen die ik nooit heb gedaan en ook nooit zal doen. Alle vrouwen op leeftijd hebben overgewicht en lopen slecht. Het is net als de sokkenkeuze, als het je eenmaal opvalt, blijft het opvallen. Moeizaam opstaan, moeizaam lopen en weer zitten. Dat maakt het des te opvallender hoe soepel de dames op de topchan klimmen, de benen onder het lijf geslagen. Mijn lijf zou compleet verkrampen. Er staat gelukkig ook een tafel met fijne stoelen op het terras. De cappuccino uit de kopjes met gouden randjes smaakt uitstekend.

Er staat een kleine yurt, wat verstopt tussen bomen, op een rand van stenen. Die moeten we nader bekijken. In potten ernaast kleine boompjes en groene planten. De tent is gemaakt van een dikke witte stof (vilt?) met een houten deur. Een yurt wordt gebruikt door rondtrekkende nomaden en valt op in de stad.

We lopen verder en zien een jonge man, gekleed als een soldaat uit vroegere tijden, in de deuropening van een van de gebouwen staan. Een grote speer in zijn hand, laarzen die eindigen in een opgekrulde punt, zoals wij die kennen van jokers, aan zijn voeten, sjerp om zijn middel en een enorme bontmuts op zijn hoofd. Met een stoïcijnse blik kijkt hij strak voor zich uit. Hij staat er ter decoratie en als fotomodel.

'Kom, kom, dan maken we een foto,' dwingt een man van Chinese afkomst ons tot een stop, wanneer we richting het hotel lopen.

Hij zegt het op een toon alsof hij ons een gunst verleent. Braaf doen we wat ons wordt opgedragen. Het resultaat stemt de man tot tevredenheid. Het blijft bizar dat wij op telefoons van wildvreemden staan.

De grote bazaar Chorsu, Tasjkent

De 17ᵉ eeuwse Sher-Dor madrassa op het Registan-plein in Samarkand

In de Ulugbek madrassa in Samarkand

In Boechara

Het Registan-plein in Samarkand

In Khiva

Chor Minor in Boechara

De Alim Khan madrassa in Boechara

In Boechara

De Kalta Minor minaret in Khiva

BUXOROCHA
OLOT
SOMSA
MILLIY TAOMLAR
MILLIY TAOMLAR
NUSHTA
GRILL

De muur op

Wij zijn de eerste bezoekers van vandaag. De vrouw verkoopt ons een kaartje, loopt mee en opent de deur zodat we de trap op kunnen om over de grote stadsmuur te wandelen.

De muur is prachtig en imponerend. Door de ramen, met roosters in plaats van glas, gluren we naar de wereld beneden ons. De halfronde, betegelde koepel kunnen we bijna aanraken. Snoeren, draden en touwen lopen als slierten spaghetti overal langs, door- en overheen. Barsten vragen om onderhoud. Van bovenaf kijken we naar een yurt in aanbouw; het skelet staat klaar, het is wachten op de kleden. Zwarte waterslangen steken uit de muur en zorgen voor het vocht voor de paar bomen die hier staan. Het is soms kruip-sluip, langs halve, stenen bollen en over stoffige, stenen paadjes.

'Moet je eens kijken,' lacht Jan en wijst naar een bosje draden en snoeren dat uit een plastic buis uit de muur komt en provisorisch aan elkaar is geplakt.

Niks geen omheiningen, geen bordjes met verboden toegang of waarschuwingen om goed uit te kijken wanneer je te dicht bij de rand komt en eraf kunt donderen. Had je maar niet zo stom moeten zijn. Gewoon je verstand gebruiken.

De koepels lichten op in de eerste zonnestralen van vandaag en wij hebben vol zicht op de rotzooi die op de platte daken van de huizen ligt. Zonder lelijkheid geen schoonheid. De lucht is weer een stralendblauwe en Jan en ik alleen op dit oude bouwwerk met een perfect zicht op de Kalta Minor minaret. Er zijn slechtere manieren om je dag te beginnen.

Wanneer we ons rondje hebben gemaakt en richting de uitgang lopen, komen pas de volgende bezoekers.

We wandelen terug; het is tijd voor cappuccino en gaan naar de terrassen waar we Pierre op hetzelfde terras en aan dezelfde tafel als gisteren zien zitten. Blijkbaar zijn we niet de enige gewoontedieren op reis. Wanneer je in een wereld bent, die in bijna alles afwijkt van je eigen vertrouwde wereld, is herkenning fijn en hoeft je brein niet zo veel actie te ondernemen om alles te verwerken.

'Kom erbij,' nodigt hij ons uit.

Pierre reist vandaag verder, hij gaat naar Boechara, waar wij morgen naartoe zullen reizen.

Ik heb bij een paar huizen houten palen zien staan waar kleren aanhangen en ben nieuwsgierig of dit met een bepaalde bedoeling is. Ik hoor een vrouw Engels praten en wie wat wil weten moet het vragen.

'Volgens mij is het gewoon was die te drogen hangt.'

Ze heeft eerlijk gezegd geen idee en ik geloof er niks van. Waarom zou je wasgoed zo ophangen als je over prima waslijnen beschikt?

Volgens mijn handboek is een bezoek aan het Pahlawan Mahmoed-mausoleum alleen al de moeite waard om naar deze stad te gaan. Meer aansporing hebben we niet nodig en we slenteren ernaartoe. Dat is weer het mooie van dit oude centrum; alles ligt dicht bij elkaar. Het is er gezellig druk. Drie jochies, gekleed in een soldatenuniform, zitten op een bank stiekem de inhoud van hun moeders tas te inspecteren.

Het graf is de laatste rustplaats van een man met een groot en goed hart. Hij deed alles wat in zijn vermogen lag om anderen te helpen. Pahlawan is een bijnaam en betekent 'nobele held', 'koene ridder', 'moedige strijder'. Ik betaal bij de ingang en we kunnen naar binnen.

Vrouwen wordt verzocht hun hoofd te bedekken. Voor mij echt een ding. Ik heb zo'n hekel aan dingen op mijn hoofd: sjaals, mutsen, capuchons, petten, het is niet aan mij besteed. Er staat een rek waar tientallen hoofddoeken aanhangen en ik zoek er de kleurrijkste uit. Ik ga hier vrijwillig naartoe en dus drapeer ik de sjaal zo goed en zo kwaad mogelijk om mijn hoofd. We zetten onze sandalen naast de andere schoenen. Een grafkamer moet je zonder schoenen betreden. We gaan naar binnen waar we onmiddellijk onder de indruk zijn van de schoonheid van alle tegels en ik zie diverse blote vrouwenhoofden rondlopen.

Een jonge imam zit op een stoel te reciteren uit de Koran. Het klinkt melodieus, rustig en wat mysterieus. Een klein meisje zit stijf tegen haar moeder aan en kijkt met grote ogen naar de halfzingende, pratende man in zijn grote stoel. Tegen de wanden staan banken waarop de bezoekers kunnen zitten. Er mag gefotografeerd worden, in dit land doet men daar niet moeilijk over. Ze zijn hier niet streng in de leer.

Toen de nobele man lang geleden overleed, maakten de mensen een eenvoudig mausoleum voor hem. Belangrijke mensen die na hem stierven wilden graag hier begraven worden, lekker dicht bij de nobele meneer. Als dit eenvoudig is, hoe ziet luxe er dan uit? Alles is betegeld in de vertrouwde kleuren azuurblauw, donkerpaarsblauw, zilver en is van een onwereldse schoonheid. Aan het plafond hangt een grote, brandende kroonluchter die zijn stralen over de tegels laat glijden. Mensen zitten met opengevouwen handen - als een opengeslagen boek - zachtjes te bidden. Oudere vrouwen zitten licht voorover gebogen in gedachten verzonken. Een in groen geklede vrouw zit op een krukje in een hoek. Zij vormt een beeldschoon plaatje met de kleuren om haar heen.

Bij het zien van zo veel schoonheid gaan mensen vanzelf fluisteren. In een nis staat een smalle, betegelde sarcofaag op een verhoging; ik denk dat het de resten van deze geliefde man bevat. Aan een Delfts blauw-wit plafond hangt een grote kelkvormige lamp aan een stevige ketting. Het licht schijnt zachtjes door de opengewerkte randen. Camera's en telefoons maken overuren.

De sjaal glijdt iedere keer van mijn hoofd. Ik heb mijn handen vol om de doek een beetje fatsoenlijk te krijgen, om foto's te maken zonder de gelovigen te storen en om me heen te kijken. Enkele vrouwen zitten op de plavuizen vloer; een klein meisje met een rode strik in haar haar kijkt nieuwsgierig om zich heen. Deze betegelde grafkamer lijkt meer op een sprookjeskamer dan de laatste rustplaats van iemand. Gelovigen stoppen geld in hoekjes, spleten en gaten. Er staat een donatiebox. Ik doe er wat in. Zoveel schoonheid onderhouden zal zeker de nodige centen kosten.

Diep onder de indruk lopen we naar buiten, waar de sjaal direct af kan, waar mensen foto's van zichzelf, van elkaar, en als het kan van ons maken. Een klein meisje met een kort koppie haar, gouden oorringetjes en gekleed in een roze jurkje met kant moet en zal van haar moeder met mij op de foto. Nee zeggen is geen optie. Mama lacht tevreden. Ik blijf me verbazen over de interesse voor ons. Iedere keer worden we op de foto gezet en dan ook nog die keren dat we het zelf niet in de gaten hebben. Mijn ego knapt er enorm van op.

Het is vandaag familiedag in de stad. Gezinnen flaneren en ouders geven geld aan hun kinderen uit. Er staan mini-auto's en zelfs een motorfiets met twee wielen klaar. Kinderen stappen achter het stuur, trappen op het gaspedaal of de rem en denken dat ze zelf rijden. De man bestuurt, vanaf een afstandje, met een radiografische afstandsbediening het mini-voertuig terwijl pa en ma hun rondrijdende kroost op de foto zetten. Foto's maken lijkt hier volksvermaak te zijn. Zes vrouwen gaan gearmd op de foto. Het is leuk om te zien, de sfeer is gezellig. Naast een kraam vol met handgebreide spullen houdt de eigenaresse niet van niks doen. Als er geen klandizie is, zit ze op de stoel. Terwijl haar ogen alles zien, breien haar handen op de automatische piloot babysokjes. De reuring en de bedrijvigheid vervelen nooit. Een oude moslimman gekleed in een traditioneel grijs kleed met een bijpassende baard, wit mutsje op zijn hoofd, heeft alles al gezien en loopt onverstoorbaar voorbij. Voeg daarbij het schitterende weer en je hebt alle ingrediënten voor een geslaagd dagje uit. Mensen verschillen minder van elkaar dan we soms denken.

Er komt een meisje naar ons toelopen: 'Zal ik een foto van jullie maken?' vraagt ze in uitstekend Engels op een vriendelijke toon.

Geen probleem en ik geef haar mijn telefoon.

'Waar komen jullie vandaan? Vinden jullie het hier mooi?'

We beantwoorden alle vragen en gaan op de foto. Haar ouders kijken op een afstandje vol trots naar hun dochter, leggen alles met hun eigen camera's vast en knikken ons vriendelijk toe. Dochter en ouders lopen tevreden verder en wij gaan op zoek naar een koffie.

'Nee, de koffiemachine is stuk,' antwoordt de man op onze vraag.

Dan maar een thee en een cola. We gaan zitten. Op een normale stoel, aan een normale tafel.

We wandelen terug naar ons hotel en via de vertaal-app vraag ik aan de eigenaar naar de betekenis van de vlaggenstokken met kleding. Hij weet het niet. Geen probleem, hij belt iemand en niet veel later komt er een jongeman aan lopen die in een naburig hotel werkt en prima Engels spreekt. Hij weet het antwoord en vindt het absoluut niet vreemd om hier naartoe te komen om onze vraag te beantwoorden.

'Dit wordt gedaan wanneer iemand is overleden. Dan wordt de kleding van de overleden persoon buiten gehangen,' legt hij uit.

'En die flesjes die sommige bewoners boven hun voordeur hebben hangen. Heeft dat een speciale betekenis?' vraag ik.

Nu ik eindelijk eens iemand spreekt die fatsoenlijk Engels kan, wil ik meer weten.

'Oh, dat is om boze geesten te weren. Is trouwens totale onzin, dat helpt echt niet,' antwoordt de man met een lach.

We schieten allemaal in de lach, bedanken de man en lopen nog een keer terug naar het centrum waar de zon zijn laatste stralen over alles laat schijnen voordat de maan die taak overneemt. De kerstversiering gaat aan en vliegtuigen trekken vurige strepen door de donker wordende avond. De zon verdwijnt naar de andere kant van de wereld en alles wat we vandaag bij daglicht hebben bewonderd wordt in een roodroze gloed gezet. Camera's maken overuren; het resultaat komt niet in de buurt van de werkelijkheid.

Terug in Boechara

Jan stuurt een app naar het Lola Hotel en we zijn meer dan welkom. Top.

Het ontbijt is iedere keer een feestje en steeds anders dan de dag ervoor. Er staan veertien schaaltjes op tafel: koekjes, brood, kersen, bananen, walnoten, dadels, komkommer, tomaten, boter, biscuitjes, jam, gesuikerde pinda's, smeerkaas en iets wat ik niet herken. Met een goed gevulde maag nemen we afscheid van het vriendelijke echtpaar. Het is een bescheiden guesthouse met twee kamers en dat maakt het zo knus. De vrouw duwt nog snel een groot, rond brood in mijn handen voordat we in de auto stappen.

Het is een perfecte rijdag. De hemel is bewolkt en donkere wolken beloven veel regen. Het is een lange rit van vierhonderd kilometer door een saai landschap waar, zoals we inmiddels zijn gewend, het overige verkeer ervoor zal zorgen dat we sowieso van elke meter gaan genieten. Oude Lada's puffen en kreunen voorbij. De somsa-ovens blazen hun rook naar boven. Mannen in oranje hesjes werken aan de weg en passen perfect bij een koninklijk oranje tank die op een aanhangwagen ligt. Kleine vrachtwagens vervoeren enorme balen stro, die stevig afgedekt zijn. Dat het allemaal rijdt!

'Er is een andere route naar Boechara, een klein stukje langer dan de heenweg,' zegt Jan.

Prima. Hoewel ik het nooit een probleem vind om dezelfde weg nog een keer te rijden, je kijkt net even anders tegen de dingen aan, is een andere route ook leuk. Het eerste stuk, ongeveer twintig kilometer, is meer van het betere stuiter- en bonkenwerk. Jan doet zijn best om de gaten te ontwijken. Helaas denkt niet elke weggebruiker zoals Jan en worden we soms in de meest vreemde posities gemanoeuvreerd. Na een half uur rijden we gelukkig weer over een prima weg. Een blauwe vrachtwagen staat uit te rusten aan de kant van de weg, terwijl een auto met een open bak, slordig opgetuigd met balen hooi, voorbij pruttelt. Een fietser rijdt voorbij; op zijn hoofd draagt de man een plastic tas als een badmuts.

De ijsjesmeisjes staan alweer klaar in de bermen. Met de koelboxen goed gevuld zijn ze klaar voor de dag van vandaag, hoewel het helemaal geen ijsjesweer is. Wij doen zelfs de verwarming aan en rijden door plaatsen waarvan de namen niet uit te spreken zijn. De letter Q is populair. Veel plaatsnamen beginnen en eindigen ermee en sommige maken het helemaal bont door twee Q's in het midden te plaatsen.

We vinden een leuke koffiestop bij een niet meer in gebruik zijnde somsa-oven. Het geeft ons de gelegenheid om zo'n oven eens goed te inspecteren. Aan de binnenkant zie ik een rand van bloemen waar de broodjes tegenaan worden geplet. Het is fris, we drinken de koffie op om snel in de warme auto te gaan zitten.

Bij een gesloten benzinepomp is een openbare verkoop van kleding. Over waslijnen wordt de handel uitgestald. Vrouwen bekijken het kritisch, mannen wachten geduldig totdat zij heeft bepaald wat hij leuk vindt. Een Lada met aanhangwagen, die de kleur van het bruine zand heeft aangenomen, rijdt voorbij. In de verte zorgen enkele geitenhoeders voor hun kuddes. Een man in uniform zwaait met een stok naar rechts. Politie, denken we. Jan stopt, draait de wagen en rijdt terug. Oeps, nee dus. Het is een zwaaimeneer van een winkeltje annex restaurant die zo klanten hoopt te lokken. Hij ziet er imponerend uit.

Het brengt me plotsklaps terug naar de grensovergang van Gambia naar Senegal waar een man stond te zwaaien en wij gewoon doorreden. Fout. We hadden daar moeten stoppen, zei de agent, die ons niet veel later aanhield. Het was de douane of grenspolitie. We moesten terug, kregen een stevige reprimande van een grote man in uniform en moesten voor straf een poosje op een bankje zitten om daarna verder te rijden. Zwaaimeneren in uniformen: wij stoppen! Maar, nu we er toch zijn…

We lopen naar binnen. Het is een morsig zaakje waar volgens het bord cappuccino wordt verkocht. De man pakt twee gevulde plastic bekers, deksel eraf, heet water erbij en klaar is de koffie. Onder een doek liggen somsa's en vettige broodjes. Ik koop er een, het is een vette oliebol die de vorm van een grote frikandel heeft. Na onze aankopen valt de man achter de toonbank in slaap. Hij schrikt wakker wanneer we weggaan.

Het toilet is weer een feestje en voldoet aan alles. Het lijkt viezer dan het is; het is de oude emmer gevuld met bruin water om door te spoelen, die de toon bepaalt. Een in een ver verleden witte emmer, staat klaar waar het gebruikte toiletpapier in moet. De modderige voetstappen van mijn voorgangers verhogen de sfeer. De lichtroze en groene wc-borstel in een hoek zorgt voor enige vrolijkheid in dit troosteloze hokje. Maar goed, ik kan doen wat ik moet doen. Buiten is zelfs een kraan waar ik mijn handen kan wassen.

Achter een rode Lada hangt een aanhangwagen gevuld met geiten; veetransport op zijn Oezbeeks. Kleine busjes vervoeren geiten, hun koppies piepen net over de rand. De donkere wolken kunnen het vocht niet langer vasthouden en het begint te regenen. De weg oogt ineens spiegelglad en Jan past onmiddellijk zijn snelheid aan. De laaghangende, grijze wolken beloven weinig goeds voor de rest van de dag en ik denk aan Pierre die in Boechara aan het rondwandelen is.

Na uren rijden draait Jan het prachtige terrein van het Lola Boutique Hotel op waar de deuren wijd open staan en waar we als oude vrienden worden begroet.

'Neem jullie oude kamer,' zegt de man

En zo voelt het ook. De heerlijke kamer, de mooie aankleding in de grote binnenruimte waar stoelen en tafels klaar staan voor alle gasten; wat kan ik ervan genieten.

Op mijn telefoon een berichtje van Pierre die voorstelt om vanavond samen ergens te gaan eten. Leuk. Hij stuurt zijn locatie en dat is dichtbij. Het is fris. Ik ga douchen, haren wassen en warmere kleding opzoeken, die natuurlijk onder in de tas ligt.

De regen is gestopt en we gaan op zoek naar Pierre. Al het hemelwater heeft zijn sporen achtergelaten. Het leem en het stro waar de muren mee zijn bepleisterd, laten op verschillende plekken los en de stenen worden zichtbaar. Over een balkon hangen handdoeken te drogen. De vrouw des huizes verwacht geen regen meer. Ze heeft er meer vertrouwen in dan ik. De azuurblauwe koepels op de gebouwen steken prachtig af tegen de donkere Hollandse luchten. Twee mannen zijn bezig om ontbrekende tegels te vervangen op een van de muren.

De stoep voor de ingang van het zaakje waar Pierre heerlijk relaxed in zijn reisgids zit te lezen is een dikke bende. Voorzichtig stap ik over alles heen. Ons weerzien is hartelijk en samen wandelen we de stad in en spotten een aantrekkelijk restaurant waar we welkom zijn. De menukaart is weer een plaatjesalbum met teksten in het Engels en het Oezbeeks eronder. Ik kies de kipfilet met champignons, rijst en een kaassaus. Jan neemt de plov. Het plaatje belooft rijst, ui, nootjes,

druivenbladeren gevuld met vlees en een klein kwartel-
eitje om het af te maken. De afbeeldingen hebben niks
te veel beloofd en we eten alles met smaak op.

Pierre is een leuke, bereisde man die geïnteresseerd is
in onze verhalen, goed kan luisteren en vragen stelt. Ik
hoop dat hij dit ook van ons denkt. Samen wandelen we
terug naar ons hotel dat op zijn route ligt en waar de
vriendelijke manager onze wagen heeft gewassen!

Afscheid nemen en weer verder

Bij de receptie haal ik de hotelregistratieformulieren. Van de manager begrijp ik dat het meer in het belang van de hoteleigenaars is dan van de reiziger. Hij kan zo bewijzen wie bij hem heeft overnacht. De belasting is groot fan van deze registratie begrijp ik.

Met weemoed nemen we afscheid van dit fijne hotel en de lieve mensen.
'Ik weet nog dat je dit zo lekker vindt,' zegt dezelfde jongen en geeft me weer een doos met die heerlijke snoeperige koekjes.
De Oezbeken verwarmen ons hart. In het verkeer laat hij - haar zien we zelden achter het stuur - zijn meer pittige kant zien. Waar we om lachen, van schrikken, aan ergeren en dus gewoon accepteren. We passeren een wagen die zo vuil is dat ik eerst denk dat de achterkant is overgeschilderd. Het nummerbord is niet meer te lezen. Onze weghelft delen we met tegenliggers. De linkerkant wordt vernieuwd en dat zorgt voor veel overlast en vraagt geduld van de weggebruiker. Door het intensieve gebruik van dit asfalt, dat we nu met elkaar delen, wordt de weg er niet beter op. We doen ruim twee uur over veertig kilometer en dan kunnen we opgelucht ademhalen. Het is in totaal ruim driehonderd kilometer. We hebben alle tijd.
Er komt ons een grote tractor tegemoet waar op de vorklift een enorme rol plastic ligt waarmee het nieuwe asfalt wordt afgedekt. Het is een merkwaardig gezicht om die lappen plastic als een tafellaken over de weg te zien liggen.

De weg is lang, het landschap saai, wolken drijven voorbij en we stoppen bij een van de vele tankstations. Tanken is hier een feestje. Omgerekend betalen we ongeveer tachtig cent voor een liter benzine.

Naast oude, niet meer in gebruik zijnde tankstations worden nieuwe gebouwd. Gesloten winkels staan naast nieuwe winkels, koffietentjes en vage bedrijven. Doordat de natuur niet afleidt, zien we alles wat opvalt en dat is opmerkelijk veel. We stoppen bij een zaakje waar vier heren alle tijd van de wereld hebben.

'Jazeker hebben we koffie,' zegt de oudste man

'Graag met melk,' weet ik duidelijk te maken.

Geen probleem. Dat we geen suiker hoeven; die strijd hebben we opgegeven. Er gaat standaard een bups suiker in.

We lopen over een smal bruggetje naar het restaurant. De leuningen zijn goudkleurig; op een ervan ligt een Perzisch tapijt. De man nodigt Jan uit - mij wordt niks gevraagd - om mee te lopen voor een rondleiding over het terrein. Prima, ik zoek een mooi plekje op het terras, dat opgesierd is met plastic dieren. Reeën zijn het populairst. We gaan op de koningsblauwe stoelen zitten en kikkeren op van de zoete koffie.

'Dat is voor jullie,' zegt de man en legt twee kleine komkommers naast onze glazen met koffie.

Hij brengt een vaatje zout en maakt ons duidelijk dat dit lekker op de komkommers is. Wat een lief gebaar. Ik neem de komkommers mee, we bedanken de man voor zijn gastvrijheid en gaan verder.

Bij een groot viaduct staat in de middenberm een oranje, plastic kameel met zwaar beladen zadeltassen. Het is kitsch in optima forma en te leuk. We passeren een Lada met aanhangwagen waar de hoorns van de geiten nog net te zien zijn. Een zwaar beladen fietser rijdt moeizaam op het zand naast het asfalt. Een plastic kamelenhoeder begeleidt drie plastic kamelen langs de kant van de weg. Het zijn magere beesten, de man draagt een grijze baard en een hemelsblauwe jas met bijpassende tulband. Hoewel het er nieuw uitziet, is het natuurlijk een verwijzing naar de oude Zijderoute.

De eigenaar van een oude Lada heeft de hoogte van de wagen verdubbeld met en giga-grote plastic zak gevuld met lege plastic flessen en dan rijden we Qarshi binnen en zijn nu ongeveer op de helft van onze rit. Stoplichten, verkeersboren en drukte. We gaan verder.

Maar dan... eindelijk, daar zien we de eerste levende kamelen langs de kant van de weg. Wat zijn het toch heerlijk nukkige dieren. Jan stopt de auto, ik loop ernaartoe en zie dat alle beesten met een touw aan een paal zijn vastgemaakt. De ene ziet er beter uit dan de andere. Het is net alsof ze in de rui zijn. Hele plukken wol zijn verdwenen. Er staat zelfs een zo goed als kaal exemplaar tussen, dat hooghartig zijn kop uit een gele bus met voer haalt om te kijken wie zo brutaal is om ongevraagd foto's te maken. Wat zijn het anatomisch wonderlijke dieren. Zo bonkig, zo hoekig, zo eigen-wijs. Hun gemekker klinkt zielig. Er komen een paar meiden aan lopen die de beesten in de richting van de kamelenmelkverkoper sturen. De kleine dames vinden onze belangstelling leuk.

Op een bord staat dat we nu bij Tuya Suti ming darga davo zijn. Twee afbeeldingen van kamelen maken duidelijk dat het een kamelenboerderij is. Naast de dieren staan twee mannen afgebeeld, de ene strak in het pak, de ander nonchalant gekleed. De eigenaars van de boerderij? Op een houten kastje, pal in de zon, staat een rekje met zes flessen gevuld met kamelenmelk. Alleen het idee van melk doet mijn huid rillen. Het lijkt dikkerder en geliger dan koeienmelk. In een half open ruimte staan op een tafel meer flessen.

De omgeving wordt groener, we komen in de bewoonde wereld, en het zand maakt plaats voor gras. Uit de auto voor ons steekt een halve boom uit de kofferbak, terwijl een zachtbeige Lada bijna bezwijkt onder een lading oud papier. De achterbanken zijn volgepropt met karton en de chauffeur zit klem achter het stuur. De kamelen van de Zijderoute hebben plaatsgemaakt voor oude, gammele Lada's. De chauffeur van een pick-up heeft zijn lading zo slordig vastgemaakt, dat we die liever achter ons laten. Jan geeft extra gas. Een andere auto, met bijna platte banden, rijdt scheef, half op de weg en half in de berm. Zijn grootte is verdubbeld door de lading. Een rood tuktukje tuft ons tegemoet, het bakkie vol met struiken en bosjes.

Ik spot een yurt naast een rijtje winkels. Bij een klein bushokje stoppen we voor onze straatkoffie. Het is fris, we drinken alles snel op en zoeken de warmte van de wagen weer op. Een oranje Lada heeft een bank van bijna twee meter op het dak liggen, terwijl een bus zes gasflessen vervoert, flessen die me altijd aan raketten doen denken. Een lief, klein moskeetje glanst in de zon; het azuurblauw wedijvert met de blauwe hemel. Saaie weg? Dacht van niet.

In de berm wordt een kudde geiten gehoed door een man die meer aandacht heeft voor zijn telefoon dan voor zijn dieren. Als geitenmeneer dien je met je tijd mee te gaan. De luchten lijken op Hollandse polderluchten. Dikke wolken met af en toe een plukje blauw. Er staat een gestrande aanhanger, de lading ligt er nog op, aan de kant van de weg. Dat kan hier, niemand zal dit weghalen. Mijn ogen schieten alle kanten op, ik wil niks missen. Nog 135 kilometer geeft een bord aan en dan moeten we in Samarkand zijn.

'Moet je daar eens kijken. Is dat een watermeloen? wijs ik.

Yep, midden op een rotonde staat de allergrootste watermeloen ooit waar een dikke schijf van af is gesneden. Het is zowel monsterlijk lelijk als indrukwekkend, dus het is kunst. Hulde aan de meloen! Het zou een ideale skatebaan zijn, denk ik oneerbiedig.

Er rammelt een zwarte Lada voorbij met vier zakken op zijn dak geknoopt gevuld met plastic flessen. Aha, vandaar die plasticrijders zeggen we, als we aan de linkerkant van de weg een groot recyclingbedrijf passeren.

De bestuurder van de zwarte auto heeft lef, hij weet zijn Lada tussen een paar vrachtwagens te duwen om niet veel later, met de motorkap omhoog, langs de weg te staan. Leedvermaak is gepast.

Twee runderen, formaat oerbizon, staan naast elkaar in een mini-vrachtwagen. Een fietser fietst voorbij, op zijn hoofd een plastic tas. Huizen met rode daken geven kleur aan de omgeving en passen perfect bij de rode klaprozen die ineens oppoppen in de groene bermen.

De wereld lijkt groter, de uitzichten weidser. Vrachtwagens met Hollands oranje lading rijden op de andere weghelft en de achterklep van een kanariegele auto staat wijd open. Uit de kofferbak steekt een grote doos met een spiksplinternieuw gasfornuis erin. Kleine wagens kunnen hier meer vervoeren dan in Nederland. Bergen komen tevoorschijn en een groot bord laat ons weten dat we binnen de grenzen van Samarkand zijn. Lange latten, minstens vijf meter lang, wippen zachtjes op en neer op het dak van een auto. De broodbakkers komen weer tevoorschijn en hebben hun producten uitgestald. Grappig, dit zagen we amper in Khiva en Boechara.

Jan navigeert naar het door ons geboekte hotel. De navigatie vindt het lastig en stuurt ons iedere keer daar naartoe waar helemaal geen hotel te zien is.

'We zijn in de buurt,' moppert Jan, die telkens hetzelfde rondje rijdt.

Behulpzame handen wijzen in dezelfde richting.

'Zou dat het zijn?' wijs ik naar een gebouw, dat er totaal niet als een hotel uitziet, maar waar ik de naam Samarabonu op zie staan. 'We kunnen het in ieder geval vragen.'

We stappen uit, kijken, zoeken, maar zien geen hoofdingang of iets wat erop lijkt. We lopen verder en openen op goed geluk een deur. Een vrouw schrikt, maar knikt bevestigend. Via de dienstingang, door de keuken, komen we bij de receptie waar een norskijkende man achter de balie zit.

'We hebben een reservering,' zeggen we.

Hij bladert door zijn papieren, kijkt naar ons.

'Rosman, Ada?' vraagt hij aan Jan, het lukt hem om mij hierbij te negeren.

'Ja, dat ben ik,' zeg ik.

Hij blijft naar Jan kijken.

'Loop maar mee.'

De eerste kamer keuren we af, te klein. De tweede kamer is prima, met twee bedden, een bureau, grote badkamer, geen stoelen en lekker veel ruimte. De bagage kan er staan. We kunnen ons bewegen zonder onder de blauwe pekken te komen. Jan haalt een stoel van de gang. Zo, nu zijn we thuis.

Het is een nieuw hotel, het ruikt nieuw, het plasticfolie zit nog op het beeldscherm van de tv. Brede gangen en alles is brandschoon. Het is verder uit het centrum en dat rechtvaardigt het gebruik van de auto.

Op weg naar de markt, naar ons vaste stekkie voor een lekkere plov. We worden herkend en hartelijk welkom geheten met dikke knuffels en brede lachen. We moeten op dezelfde stoelen zitten aan dezelfde tafel. We zijn allemaal gewoontedieren.

'*Sit, sit and eat,*' zegt de bazin en zet een schaal met plov, een tomatensalade en een pot thee voor ons neer. We doen wat ons wordt bevolen.

Selfies in Samarkand

De norse man achter de balie is vervangen door zijn zoon die vele malen vriendelijker kijkt. We groeten elkaar en lopen naar de ruimte waar een ontbijtbuffet klaarstaat. Het is weer te veel. Veel vlees, vers fruit: er is genoeg voor een heel weeshuis. Alles netjes afgedekt. Tussen alle verantwoorde dingen staat een schaal met snoepjes. Die kenden we nog niet. Met een goed gevulde maag zijn we klaar voor de dag.

Wanneer we buiten zijn, kijk ik naar het hotel. Het is een geluk dat we het gevonden hebben; het heeft op geen enkele manier de uitstraling van een hotel. Misschien bepaalt de grootte van het bord de hoogte van de belasting? Vandaar zo'n ieniemienie naambordje. Door een openstaande deur zie ik een zachtgele Volvo, met vier lekke banden uit het jaar 0 staan. Ik voel geen schroom, stap snel naar binnen en maak een foto voordat ik onze eigen auto stap. Brutale meisjes zien nu eenmaal meer dan lieve meisjes.

We zijn snel in het centrum waar Jan de auto parkeert voor het SandHill Hotel dat er aan de buitenkant leuk uitziet. Onze laatste nacht in deze sprookjesstad willen we onszelf trakteren op iets moois, voordat we terugrijden naar Tasjkent. En mooi en luxe is het. Helemaal in oosterse sferen, precies wat we van een hotel in deze stad verwachten. Er is plek, ik betaal vijftig euro borg en zo zijn we morgen verzekerd van een mooie kamer, op een topplek én op loopafstand van al het moois.

Heel China is vandaag in Samarkand, alle Chinezen lopen met een telefoon in de hand en de brutaalste, altijd meiden, komen bij mij voor een gezamenlijke selfie. Ze vinden in mij een gewillig slachtoffer. De meiden drukken zich tegen me aan, zoenen me op de wangen, kijken op hun telefoons en de foto's worden gemaakt.

We gaan ergens zitten; tijd voor koffie. Een meisje loopt langs alle tafels en vraagt om de halfgevulde flessen die op de tafels staan. Broodjes die zijn blijven liggen neemt ze graag mee. Het is de eerste keer dat we dit zien. Ze doet alles snel en geroutineerd. Kinderen niks geven, is altijd het advies; zo creëer je bedelaars. Het is en blijft een dilemma; het schuurt bij mij. Drie vriendinnen, waarvan er twee in een rolstoel zitten, werken een indrukwekkend groot gevuld broodje naar binnen. De fysiek beperkte vrouwen zijn zelfverzekerde vrouwen, trots en goed verzorgd. Dat doet me deugd, ja hoor natuurlijk ga ik op de foto met de dames. Het is opvallend hoeveel de mensen hier eten en ja hoor een ijsje kan er nog bij. En dit allemaal voor elf uur in de ochtend op Moederdag. Mijn hoofd loopt over van alle indrukken.

De serveerster valt met een volgeladen dienblad van de trap. De manager komt er snel aan, ruimt alles op en bekommert zich niet om die vrouw die lelijk tegen de grond smakte.

'Gaat het goed? vraag ik.

Ze knikt.

Gehoofddoekte meisjes lopen, al likkend aan hun oranje en paarse ijsjes, voorbij. Het is stuiterdruk, ik kom ogen en oren te kort en blijf zitten waar ik zit, want opstaan is duidelijk plaats vergaan. Een oudere heer zit in zijn rolstoel in de schaduw van een boom en de kleding van de passerende vrouwen glinstert in de zon. De zon weerkaatst op de gouden tanden van de mensen. De bakker fietst voorbij, aan zijn stuur en op het bagagerek hangen grote tassen met ronde broden. We zitten op de eerste rij en bestellen nog een cappuccino. De manager ziet er persoonlijk op toe dat aan onze wensen wordt voldaan.

'Hello, I am from Uzbekistan,' giechelen drie meiden tegen mij en vragen waar we vandaan komen.

Holland zegt hen niks. Wij wonen in een land dat niet voorkomt in hun aardrijkskundelessen. Amsterdam geeft soms iets van herkenning, Holland en Nederland zijn lege woorden. Ze hebben allemaal een Instagram-account en willen allemaal graag *connecten*.

Schoolklassen bezoeken vandaag de stad. Grote zespersoonsfietsen rijden over het asfalt en niet iedereen is de fietskunst machtig. Gehoofddoekt, wulps opgemaakt, klassiek of naar de laatste mode gekleed, het loopt arm in arm voorbij en is prettig om naar te kijken. Jan pakt zijn camera en gaat op zoek naar een betere plek waar hij mensen kan fotograferen. Hij is snel terug.

'Zullen we het bezoek aan het plein voor morgen bewaren? Je kunt nu over de koppen lopen.'

We wandelen terug naar de auto. Jan stuurt ons behendig door de smalle straten van de oude binnenstad waar wagens ons tegemoet rijden en volgeladen golf-karren voorbij zoeven. Elke weggebruiker doet zijn best om niet in de open riolen te belanden. Iedere keer als ik denk 'dat gaat mis' gaat het goed.

Mannen zijn een muur aan het metselen. Er worden grote klodders cement tegen de muur gekwakt die daarna zorgvuldig worden gladgestreken. Het platte dak van het gebouw is als een tuin ingericht. Door gele buizen, die aan de buitenkant van de woningen lopen, stroomt het gas dat de huizen verwarmt. Het ziet er doodeng uit.

We gaan op zoek naar een synagoge die hier ergens moet staan. Na enig zoeken vinden we het gebouw dat bijna niet opvalt en jammer genoeg is gesloten. In de muur van het gebouw zijn davidsterren aangebracht en op een plaquette staat de naam van het gebouw. Dat is alles dat verraadt dat het om een synagoge gaat.

Het schijnt van binnen een juweel te zijn. Rijke Joodse kooplieden lieten in vroegere tijden schitterende huissynagogen bouwen. Voor de ingang staat een politiewagen met agenten. Zou dat bewaking zijn? Zou hier ook onrust bestaan tussen gelovigen?

Deze Gumbaz-synagoge is aan het eind van de negentiende eeuw gebouwd en er is nog steeds een kleine Joodse gemeenschap in deze stad. Voor deze mensen kwam de Russische overheersing als een bevrijding. Tijdens het bewind van de Mongolen werden zij als tweederangsburgers behandeld die meer belasting moesten betalen dan anderen en niet op paarden mochten rijden. Na het uiteenvallen van het Sovjet-Russische Rijk zijn veel Joodse mensen naar Israël vertrokken.

Rondje platteland

'Ik heb een mooi rondje op de kaart gevonden, richting het zuidoosten, en dan komen we met een boogje terug in Samarkand,' wijst Jan op de kaart. 'Het plein bewaren we tot morgen, op maandag is het vast minder druk.'

Een tuktuk, behangen met grote plastic zakken gevuld met lege flessen, pruttelt voorbij. Koeien, zwart-wit stamboekvee uit Friesland - denk ik, niet gehinderd door enige kennis - proberen in het spaarzame groen in de stad hun maaltijd bij elkaar te grazen. Zo te zien een hele uitdaging.

Het is heerlijk rijden over het platteland waar weinig plat aan is. De weg golft en in de verte zien we bergen oprijzen.

Bij een kleine snackbar, of wat het ook maar mag zijn, staan stoelen en een draaimolen in vrolijke kleuren. De jonge man schrikt als we stoppen en naar het loket lopen. Een vrouw staat tomaten te snijden, ze kijkt even op om daarna onverstoorbaar verder te gaan. Het is een Bek Lavash, de Oezbeekse tegenhanger van de Hollandse snackbar. Op het menu staan drie soorten hotdogs en er is er is keuze uit drie verschillende soorten gevulde broodjes. Maar wat is *lavash*? Dat zijn wraps, zoals de bijbehorende foto ons duidelijk maakt. Ik bestel er één, die we willen delen. De man knikt bevestigend en weet me duidelijk te maken dat het ongeveer tien minuten zal duren. Hij schudt zijn hoofd, water verkoopt hij niet, wel grote flessen frisdrank en kleine pakjes frambozensap. Zoet, zoeter, zoetst is hier de norm.

Er komen een paar opgeschoten knullen aan lopen die met grote ogen kijken naar alles wat we doen.

'*Rachman*,' zeg ik als ik de bestelling doorgeef, dankjewel, het enige woord dat ik ken en ook nog uit kan spreken, in het Oezbeeks.

De jongens moeten daarom lachen. Hier stopt nooit een toerist, dat is duidelijk.

Wachten is niet erg, we zoeken een plekje op en genieten van alles wat voorbij komt. Aan de overkant staat een volgepakte Lada met geopende ramen, amper wind in de banden. De auto zal ongetwijfeld nog lang meegaan. Mannen willen graag weten waar we vandaan komen. Jan laat op de telefoon zien waar Nederland ligt. Het zegt hen niets. Er stopt een klein busje, waar een ouder echtpaar moeizaam uitstapt. De slanke man draagt een rond petje op zijn hoofd en kijkt zorgelijk. Zijn vrouw kijkt niet blij. Ruzie gemaakt? Huwelijkscrisis? Of gewoon de standaarduitdrukking?

Aha, Stomatoloiya, zie ik op een bord aan de overkant staan en loop ernaartoe. Ik heb het woord diverse keren gezien en dacht dat het een speciale kliniek voor stomapatiënten was. Vond het al opvallend dat in dit land zo veel mensen een stoma hebben. Helemaal mis! Het is het uithangbord van een tandarts, maken de afbeeldingen ernaast duidelijk. Ik schiet in de lach. Ik zat er volkomen naast en wandel terug naar de snackbar waar het eten inmiddels klaar is.

Blijkbaar was ik toch niet duidelijk bij mijn bestelling. De man zet met een grote zwaai een bord met twee grote wraps voor ons neer. Tjeetje, hier kunnen wel vier mensen van eten. Jan vraagt om een mes en snijdt alles in stukken. Met moeite krijgen we beiden een helft op. Het smaakt heerlijk. Reepjes vlees, sla, komkommer, uien en alles lekker gekruid. Het andere broodje gaat, samen met een stapel servetten, in een plastic zakje mee. Zo, ons avondeten is hierbij ook geregeld, denk ik, als we het zakje aanpakken. Volledig aangesterkt vervolgen we onze reis.

Aan beide kanten van de weg staat als een eeneiige tweeling, een vrachtwagen volgepakt met balen stro. De azuurblauwe koepels van een moskee prijken in de luchten. De moskeeën zijn mooi, bijzonder smaakvol, niet opdringend en passend bij de omgeving.

'Moet je daar eens zien,' wijs ik naar een ezel die een kar vol versgemaaid gras over de weg trekt,

De boer gaat op de rug van het beest zitten. Ik vind het nogal een zware lading voor één dier. Ezels staan altijd onderaan de maatschappelijke dierenladder.

Wat zou dat zijn? Twee roze-groene, koepelvormige, stenen huisjes staan naast elkaar in de berm. Er zit een vierkant gat in. Het zijn geen ovens. Maar wat zijn het dan wel?*

'Ik geloof dat we deze brug over moeten,' zegt Jan op een aarzelende toon.

De smalle, hoekige brug met blauwe leuningen en gouden ornamenten brengt ons veilig over een ruwe stroomversnelling. Gelukkig komt er geen tegenligger aan. Waar water is, is begroeiing en het groen verzacht het landschap. Een gifgroene Lada pruttelt voorbij en voegt daar onbewust een extra kleur groen aan toe. Wolken waaien voorbij, heuvels en bergen worden zichtbaar. De wegranden zijn brokkelig, vee scharrelt in de bermen en zonnestralen zorgen voor een heerlijke temperatuur. We rijden door dorpen die Quivat en Sarqpichpq heten. Zonder de letter Q in je plaatsnaam tel je hier niet mee. Een blauwe vrachtwagen, die zowaar de enorme lading met stro heeft afgedekt met een bijpassend blauw kleed, komt ons tegemoet rijden. Dat het iedere keer nog goed gaat. Tot nu toe hebben we nergens balen stro of hooi aan de kant of op de weg zien liggen.

Boeren en boerinnen bewerken met spaden en zeisen het land. Er komt geen machine aan te pas. Koeien liggen relaxed op de gemaaide weilanden. Een Lada heeft de complete inboedel van een woonkamer op zijn dak liggen. Over railingen en op de balkons wappert de was als een feestslinger en zorgt voor een kleurig ontvangst.

Meer dan voldaan draait Jan Samarkand binnen waar de schoolkinderen zijn verdwenen, de Chinese toeristen voldoende selfies hebben gemaakt en er is volop ruimte op de terrassen. Jan parkeert de auto voor ons hotel en we wandelen naar de stad waar ik de oudste Lada in dit land spot. De kofferbak staat open, de bruine rand onderaan is geen decoratie maar roest. Met kwast en verf is alles slordig bijgewerkt. Op het dak een waterslang en binnen in de wagen is alleen plek voor de chauffeur. Het rijdt, en daar gaat het om.

*Later kom ik erachter dat het nog stamt uit de tijd dat Rusland het hier voor het zeggen had. Uitkijkposten.

Duizend en één nacht

De norse eigenaar lacht zowaar als we afscheid nemen en de registratieformulieren in ontvangst nemen. Elk zichzelf respecterend hotel in dit land heeft vijf klokken bij de receptie hangen, zo ook hier. Tokyo, London, Samarkand, Moscow en New York zijn de steden die er blijkbaar toe doen. Echter, hier staat de tijd stil.

We bedanken voor de goede zorgen en Jan rijdt naar het zandkleurige SandHill Hotel waar we over een paar uur de sleutel van de kamer kunnen ophalen.

'Ik neem mijn camera niet meer mee. Ik heb al zo veel foto's,' zegt Jan op een aarzelende toon. 'Hoewel, ik neem hem maar mee voor het geval dat...'

De auto staat hier goed en we lopen naar het terras waar nu maar een paar mensen zitten. Wat een rust, wat een wereld, wat een uitzicht. De serveerster, gekleed in een hardrode jurk en roze hoofddoek, glinstert als een kerstbal en we genieten van de cappuccino en het Oezbeekse leven dat langzaam op gang komt.

We wandelen naar de ingang van het Registan-plein waar een bescheiden rij voor de kassa staat. Blijkbaar is de rij te lang voor sommigen, een paar mensen doen hun best om voor te kruipen.

'Ik hoefde vandaag niet voor mijn camera te betalen,' lacht Jan.

'Hij wist dat je geen foto's wilde maken,' plaag ik.

Maar naar dit plein gaan en geen foto's maken dat lukt alleen wanneer je je toestel op je kamer laat. De schoonheid van de gebouwen, de glanzende koepels; het overrompelt ons weer.

Een man steekt, ondanks dat het verboden is, stiekem een sigaret aan. De dames van de veegploeg zijn druk aan het werk en wederom gekleed voor winterse stormen in Siberië. Niet iedereen is even gemotiveerd. Een veegster zit op het gras te bellen. Een moeder wil haar schattige dochtertje op de foto zetten maar het meisje vindt naar ons zwaaien vele malen leuker. Moeder vindt het geen probleem.

Een jonge meid duwt haar kruiwagen voort. Een van de ijsjesverkopers heeft zijn ijskar onbeheerd op het gazon staan. Zijn het langs de snelweg de vrouwen die de verkoop van ijs beheersen, hier zijn het de mannen die de ijsjes verkopen.

De halfronde koepels en de blauwe minaretten passen naadloos bij de luchten. Drie heren op leeftijd zitten relaxed op een bank de waan van de dag te bespreken. Zij hebben alles al eens meegemaakt, voorbij zien komen en kijken nergens meer van op. Op een andere bank zitten drie stevige dames met strak geknoopte hoofddoeken en foute sokken in foute slippers. Slippers die vaak te groot of te klein zijn. De mensen zijn net zo opvallend en kleurrijk als het land.

Het is de Tillokori-madrassa die de absolute publiekstrekker is. Wat een gebouw. Her en der staan bordjes om alles uit te leggen. Zo veel schoonheid heeft geen duiding nodig, gewoon op je in laten werken. Dat een plein, iets groter dan een voetbalveld, zo veel rijkdom kan bieden. Alles is betegeld, van de stenen waar we over lopen, tot alle gebouwen. Overal staan banken waar de bezoeker kan zitten, om te rusten, om te kijken, om alles op zich in te laten werken.

De fotografen met hun modellen, gekleed in lange zwierige jurken met slepen die meterslang en wijd zijn, staan klaar voor de zoveelste fotosessie. Vaak zijn het jonge meiden die deze jurken huren, zich zo mooi mogelijk laten fotograferen om de foto's op hun social media te posten. Wie weet wat een topfoto kan opleveren…

'Kom,' wenkt een fotograaf, terwijl hij een punt van de sleep in een hand vasthoudt en hem aan mij geeft.

Nooit te beroerd om te helpen, pak ik de jurk zodat hij het volmaakte plaatje kan maken. Na afloop wordt ons welwillend toegestaan een paar kiekjes te schieten. De vrouw is perfect opgemaakt, haar vingernagels top gelakt, op haar voorhoofd gouden nepsieraden. Jan is blij met zijn camera. Een vrouw, gekleed in een lange, groene jurk met roze paraplu, doet qua schoonheid niet onder voor het model. Een ander model in een lange, rode jurk gaat gewillig op de stenen trap staan en laat de lange sleep van haar jurk wapperen in de wind.

Drie vrouwen zitten in hun lange, alles bedekkende zondagse jurk, hoofddoek op, op een bank en een tasje op schoot, met een vriendelijke blik naar mij te kijken.

'Kom, kom, dan maken we foto's,' weten ze me duidelijk te maken, schuiven onmiddellijk op zodat ik lekker tussen hen in kan zitten.

Geen probleem. Alle vrouwen hebben een telefoon waar allemaal foto's mee gemaakt moeten worden. Een passerende man neemt bereidwillig deze klus op zich, maakt de ene foto na de andere, terwijl Jan met een grote grijns op zijn gezicht naar alles kijkt. Met een lieve lach op het gelaat kijken ze me aan alsof ik een lang uit het oog verloren familielid ben.

We gaan op zoek naar een terras met schaduw. Bij zo veel moois is een taartje gepast. Het mierzoete schuim knispert tussen mijn tanden. Jan zijn taartje heeft de vorm van een ijsje.

Een oudere heer in een blauw werkjasje, mutsje op zijn hoofd, fietst rechtop voorbij. De fiets oogt ouder dan de man. Het koperen beeld van Islan Karinov staat nog steeds stevig op zijn paal en onder een parasol verkoopt een man tientallen verschillende soorten chips en popcorn. Zijn voorraad gevulde vuilniszakken is enorm.

Al dit moois bekijken maakt ons moe, warm en dorstig. Alles zit vol, maar aan de tafel van de Engelse Steve en Julia is plaats en zijn we van harte welkom om aan te schuiven.

'Mag dat wel, ondanks Brexit,' zeg ik en ze schieten beiden in de lach.

'Wij waren er fel op tegen, hebben er zelfs tegen gedemonstreerd,' zegt Julia. 'Niemand is er blij mee. Wanneer je in Engeland blijft, merk je er weinig van, maar zo gauw je de grens over wilt... Vrachtwagens worden uitentreuren gecontroleerd. Relaties waarvan een van de partners niet uit Groot-Brittannië komt, moeten allerlei papieren invullen. Het heeft ons land in geen enkel opzicht goed gedaan. We hebben een sabbatical van een jaar. Onze kinderen zijn allemaal volwassen dus kunnen we het geld weer volledig aan onszelf besteden. We hebben er twee maanden Nieuw-Zeeland opzitten. Straks gaan we drie maanden door China reizen. Maar we hadden problemen met de tickets daarom zijn we hiernaartoe gevlogen. China komt hierna. We hebben hier in de bergen trouwens een paar pittige wandelingen met een gids gemaakt. Mijn man stopt waarschijnlijk definitief met werken. Steven heeft dertig jaar in de ICT-wereld gewerkt. Hij is er wel klaar mee. Ik ga nog een poosje door. Heb een leuke baan op een school en werk twee dagen in de week,' gaat ze aan één stuk door.

Het is alsof ik bij haar op een knopje heb gedrukt. Haar enthousiasme om te vertellen is oprecht en ze vindt in ons gewillige luisteraars. Sowieso vind ik het altijd interessant om te horen wat andere reizigers motiveert en interesseert.

Mannen zijn het gras aan het maaien, kantjes worden geknipt, al het lawaai zorgt ervoor dat we steeds harder gaan praten. Steve ziet ons naar zijn hypermoderne telefoon kijken.

'Dat is een Google-telefoon, duur, maar de foto's zijn top. Omdat we veel gaan zien, wilde ik per se een goede camera. Ook kan ik dingen van een foto weghalen zonder de foto geweld aan te doen.'

Hij laat een foto zien waarop iemand hinderlijk door het beeld loopt. Hij tikt er een paar keer op en weg is de persoon. Hij kijkt tevreden naar onze verbaasde gezichten.

Ze luisteren met oprechte interesse naar onze reisverhalen en zijn aangenaam verrast dat het zo makkelijk is om hier in een huurauto te reizen. Wij ook.

Als Julie hoort dat ik reisschrijver ben, is het hek helemaal van de dam en vuurt ze de ene na de andere vraag op me af. Te leuk, dat gebeurt niet vaak.

'We gaan met de nachttrein naar China, maar we moesten om twaalf uur uit ons hotel. We moeten ons vandaag nog zien te vermaken en blijven voorlopig op dit terras zitten,' vertelt Steve.

Wij trakteren ze op koffie en nemen afscheid.
'Ships that pass in the night.'

De receptionist is behulpzaam, schrijft ons in en geeft ons de sleutel van kamer 106 op de begane grond. De vijf klokken achter de man geven allemaal de juiste tijd aan.

'Wat willen jullie morgen voor het ontbijt?'

We lusten alles, fruit is altijd lekker. Brood met een eitje? Koffie en thee, ach, alles is goed. Het zal ongetwijfeld overvloedig en veel te veel zijn.

Wanneer we de grote binnenruimte in lopen, belanden we in een sprookje van grote lantaarns, gouden muurdecoraties, betegelde vloeren en zachtschijnende lampen. Op de muren zijn grote reliëfs aangebracht van de gebouwen - voordat ze zijn gerenoveerd en met de kleine houten huisjes er nog omheen - die buiten staan te schitteren. Gordijnen hangen eromheen als was het een toneel en geven zo de illusie dat je naar buiten kijkt.

Onze kamer komt uit in deze ruimte waar een wastafel staat in de vorm van een perfect vrouwenlichaam. Erboven een grote ronde spiegel met, hoe kan het anders, een zwaar vergulde gouden lijst. In witte nissen staan gebruiksvoorwerpen zoals vazen en potten. Een trap met opengewerkte, koperen leuningen leidt de bezoeker naar de eerste verdieping. In een hoek staan grote potten gevuld met planten en aan het hoge, koepelvormige plafond hangen opengewerkte, koperen lampen.

Ik loop de eetzaal binnen. In de muur van deze ruimte zijn lappen stof verwerkt van oude kleding, horen we van de man achter de balie. Het is overdonderend mooi.

Met hoge verwachtingen openen we de deur van onze kamer. Het bed is drie bij drie meter en bijna net zo groot als onze eerste kamer in Samarkand. De badkamer is royaal en opvallend betegeld met zachtgrijze tegels waarop stapeltjes handdoeken, zeeppompjes en vaasjes met bloemen zijn afgebeeld. Onze reizen hebben ons in honderden hotelkamers gebracht, maar dit soort tegels zagen we niet eerder. Alles ziet er top uit en het personeel is bijzonder gemotiveerd om er iets van te maken.

Aan het begin van de avond lopen we naar het plein, waar de zon plaatsmaakt voor de avond, lichten aanspringen en voor een feeërieke sfeer zorgen. Het is er gezellig druk, verkopers doen goede zaken en kinderen rennen overal tussendoor. Ouders kopen speelgoed uit China voor hun kroost. Vooral de ballonnen met kleine lampjes vallen in de smaak. Een opa en oma hebben oppasdienst. Opa heeft zo veel vet in zijn haar gesmeerd, dat het patronen in zijn kapsel heeft getrokken. Vijf vrouwen gaan op een trap zitten, hun lange hoofddoeken raken de grond.

De ijsverkopers hebben het druk. Men werkt netjes, eerst een plastic handschoen aan, dan pas wordt er een hoorntje gepakt. Zorgvuldig wordt met een eetlepel het ijs erin geschept. Volledig geconcentreerd doen de mannen hun werk. De verkoopster van maïs heeft de teil gevuld met grote kolven. Haar stevige billen rusten op een klein krukje. De appelverkoopster heeft alle vruchten van een glimmend, zoetig glazuurlaagje voorzien. Stokje erin en zo kunnen de appels als een ijsje opgesnoept worden; iedereen loopt langs haar heen. De avond is nog jong.

De gebouwen weten ons weer te betoveren. Het blijft een feestje om rond te lopen en om naar iets te kijken dat eeuwen geleden is gebouwd. Ik denk aan de architecten, de opdrachtgevers en de bouwvakkers van toen. Zouden zij enig idee hebben gehad dat ze iets aan het bouwen waren waar nu, eeuwen later, mensen vanuit de hele wereld naartoe komen? De warmte hangt loom tussen de gebouwen, de sfeer is aangenaam; wij lopen rond, wij kijken ernaar en voelen ons bevoorrecht.

Terug in Tasjkent

Ik loop met mijn boeken en schrijfspullen naar de receptie, waar een prima bank staat. De man achter de balie schrikt wakker, wrijft de slaap uit zijn ogen en staat weer paraat. Ik weet hem duidelijk te maken dat ik alleen maar hier wil zitten om mijn aantekeningen uit te werken en dat hij rustig verder mag gaan met zijn dutje. Samen met Jan komt er een andere man aan lopen.

'Het ontbijt is nog niet klaar,' zegt hij met een zachte stem.

Geen probleem, dat geeft ons de tijd om naar het plein te wandelen, om nog één keer een blik op alles te werpen, zodat dit moois nog lang op ons netvlies blijft kleven, voordat we verder reizen. De eerste bezoekers zijn al present. Een heer op leeftijd met een mutsje in dezelfde kleur als de tegels maakt een selfie. Tot groot plezier van de andere mannen vraag ik of hij op de kiek wil. Hij beschouwt het als een compliment. We kuieren terug naar het hotel, waar in de grote eetzaal een ontbijt voor ons beiden klaar staat. Veel fruit, diverse vlees-waren, aardbeien, yoghurt, pannenkoekjes en vette, langwerpige oliebollen en er is een bar met allerlei soorten vruchten en noten. Alsof dit allemaal niet ge-noeg is, wordt er een bord met een omelet voor ons neergezet. Zoals we nu gewend zijn, is het weer meer dan genoeg om een heel weeshuis te voeden. Wanneer we al te veel hebben gegeten, komt de man een mandje met brood brengen.

'Sorry, had ik vergeten,' verontschuldigt hij zich.

Het lukt Jan om een plakje brood op te eten.

'Ik weet zeker dat ik dit allemaal niet opgenoemd heb toen ze ons gisteren vroegen wat we graag voor ons ontbijt wilden hebben,' merk ik op.

Wanneer we opstaan van tafel, staat er nog meer dan genoeg om het personeel van het weeshuis én de buren van een ontbijt te voorzien.

De thermos is gevuld, alle bagage staat op zijn eigen plek, een laatste check door de hotelkamer of er niks is blijven liggen en dan zijn we helemaal klaar voor de rijdag naar Tasjkent.

Zo gauw Jan de weg oprijdt begint het genieten. Een witte Lada uit het jaar nul sleept een blauwe Lada uit het stenen tijdperk. We passeren plaatsen die Jizzax en Baxmal heten en dat zijn dat nog de makkelijke namen. Een vrachtwagen vervoert een somsa-oven. De hete lucht trilt, de bergen liggen wazig in de verte en een verdwaalde wolk is op weg naar huis.

'Dat lijkt een leuke koffiestop. Er staan tafels met stoelen en een rachjan, er is schaduw en er hangt een mini-wasje over het hek,' wijs ik.

Zo gauw Jan het woord koffie hoort, hoef ik niet aan te dringen en hij rijdt ernaartoe, parkeert de auto en we lopen naar het koffiezaakje.

'Koffie? Cappuccino?' vraag ik.

De man knikt en laat twee zakjes zien waar koffie- poeder inzit. Hij gaat aan de slag. Wij zoeken een plek in de schaduw van grote tentdoeken en gaan zitten op geriefelijke, rieten stoelen. Niet veel later worden er twee bekers met warme chocolademelk voor ons neer- gezet. Ook goed. Hij wil graag weten waar we vandaan komen. Jan laat op zijn telefoon zien waar Nederland ligt en de mannen raken aan de praat. Ik ga op zoek naar het toilet. Het hurktoilet is snel gevonden en netjes. Ik wandel verder rond. Een man zit op de grond. Voor hem staat een pot met goudverf. Zorgvuldig schildert hij het gouden goedje op het beeld van een man met een ezel.

'Dat is volgens mij een bekend figuur. Iemand waar grappen over en mee worden gemaakt. Ik heb hem vaker gezien, zeker weten,' zeg ik tegen Jan die er bij is komen staan. 'Maar waar?'

Natuurlijk weet mevrouw Google het wel. Het is Nasreddin Hoca. Hij was een islam-geestelijke uit de middeleeuwen. Geboren en gestorven in Turkije. Nu weet ik het weer. We hebben ergens in Turkije een beeld van hem gezien. Hij was filosoof en geliefd om zijn humor, zelfspot, mooie verhalen en anekdotes. Een van de bekendste verhalen over hem gaat als volgt:

'Op een dag wordt hij gezien, achterstevoren zittend op een ezel. Nasreddin, je zit verkeerd op het dier. Nee hoor, de ezel loopt verkeerd om.'

Op het terrein is een somsa-bakker druk aan het werk. In de oven brandt een cirkel van vuur, de vlammen schieten hoog op en boven aan de rand, net onder de opening, zitten drie rijen broodjes tegen de wand aan geplakt. Er staat nog eentje naast. Langs de oven loopt een gasleiding naar binnen. De man draait de kraan open en steekt het gas aan. Allemachtig wat een hitte, wat een vlammen. Een hellevuur om brood te bakken.

Aan een tafel zitten vier jongens en een meisje met opvallend blond haar, allemaal keurig gekleed, met een serieuze blik op het gezicht naar ons te kijken. Jan wil betalen. De man schudt zijn hoofd. Nee, nee, die krijgen jullie van mij. Wat een lief gebaar; we bedanken hem hartelijk en gaan verder. Eigenlijk wil ik elk uur een koffiestop.

Het is net alsof we deze weg voor de eerste keer rijden. De natuur heeft zich de afgelopen weken uitgesloofd; het is groener en heter. We zien nu dingen die niet te missen waren en toch is ons dat op de heenweg gelukt. Dat maakt het rijden van dezelfde weg leuk. Je kijkt letterlijk en figuurlijk anders tegen hetzelfde aan. Op alle elektriciteitspalen staat een ooievaarsnest, uit sommige kijken grote vogels arrogant om zich heen en piepen kleine babyooievaarskoppies over de rand.

Tasjkent, hier geschreven als TOShKENT, verschijnt op de borden. We naderen onze bestemming. Inmiddels is Jan een volwaardig deelnemer van het Oezbeekse verkeer en speelt hij het spel perfect mee. Hoewel, rechts inhalen blijft vreemd en met vier wagens naast elkaar op een tweebaansweg is ook niet echt zijn ding. Moskeeën prikken hun koepels in de lucht en wij draaien de wagen voor de kleine yurt, Tuga Suti. Om de zoveel kilometer kun je draaien op de snelweg. Je rijdt naar de linkerbaan, wacht tot je het bord ziet en de grote opening in de vangrails en hoppa, op het juiste moment draai je naar de andere weghelft. Appeltje, eitje.

Het is een kleine yurt, op een stenen ondergrond, die het meest op een iglo lijkt. Het staat er zo te zien al langere tijd. De lichtpaarse en roze versieringen aan de buitenkant zijn vervaagd en beschadigd. Ik heb de indruk dat er mensen binnen zijn en dat weerhoudt me om stiekem naar binnen te gluren. Voor de ingang staat een bromfiets geparkeerd en een houten frame met plastic staat als een deur in de opening.

We passeren vrachtwagens met stro en merkwaardige landbouwvoertuigen. Op de spoorbaan rijdt een goederentrein voorbij. Een vuilniswagen die zelf ook bij de vuilnis kan, haalt het vuil op. Ondertussen werken bouwvakkers in de brandende zon aan de koepel van een moskee. Er rijdt een Lada voorbij; uit het openstaande raam aan de bestuurderskant wappert een handdoek. Het zal zeker voor enige bescherming tegen de zon zorgen, maar zal tevens zijn zicht beperken. De aardbeiendames zijn nog niet door hun voorraden heen en opvallend veel auto's hebben opgerolde tapijten op het dak van de wagen liggen. Ergens een uitverkoop? Uit de kofferbak van een auto hangen twee volle zakken met plastic. Van de wagen is alleen de achterbumper nog te zien. Vanbinnen is alles volgepakt en de bestuurder zit totaal klem met zijn neus tegen het raam geplet. In een open pick-upwagen staan twee runderen van het formaat oerbizon.

'Ik weet zeker dat we op dezelfde weg rijden als op de heenweg; hoe kunnen we deze witte moskee hebben gemist?' vraagt Jan zich hardop af.

Het prachtige gebouw staat vol in de steigers en is niet te missen. Een stop is gerechtvaardigd; het gebouw verdient het om bewonderd te worden.

De gele gasleidingen hangen als verjaardagsslingers door de buitenwijken. Soms met een boogje en dan weer strak.

'Ik vind dit vreemd. Het kan hier in de winter goed vriezen. Daarom ligt bij ons alles onder de grond zodat ze niet kunnen bevriezen,' merkt Jan op.

De navigatie heeft het dit keer bij het juiste eind en door de drukke stad rijden we in een keer naar het Orient Palace Hotel, waar twaalf off the roadmotoren, een volgwagen met aanhanger en een vierwielaangedreven wagen waar de *Staff* in wordt vervoerd voor de ingang staan. Het roomwitte gebouw heeft muren als opengewerkte kant en elke gast heeft zijn eigen parkeerplaats vlak bij de ingang.

Onze gereserveerde kamer is op de begane grond en lekker ruim. Twee bedden, een bureau met zowaar een stoel erbij, ruimte voor alle bagage en het meest opvallend: stopcontacten op de juiste plekken. Vloerbedekking en handdoeken met gaten; dat is voor het eerst in dit land. Het is er brandschoon met gebruikerssporen. Een heerlijke plek om onze laatste dagen in dit land door te brengen.

Naast het hotel is een groot lokaal restaurant, waar het personeel blij is om ons te zien en waar ventilatoren aan het plafond voor koelte zorgen. De tafels zijn bedekt met een plastic kleed. Plastic bloemen en oude gebruiksvoorwerpen hangen aan de muur, die sinds de onafhankelijkheid van Rusland geen stofdoek meer hebben gezien. Het meisje, met een beugel in haar mond, blijft net zolang naast onze tafel staan totdat we een keuze hebben gemaakt. Er is bier van de tap; Jan heeft een koud pilsje dik verdiend.

Op de bon?

'Volgens mij is het ontbijt op de tweede verdieping,' zeg ik aarzelend, wanneer we de kamer uitlopen.

'Nee, we moeten naar de kelder.'

Het pijltje is voor beide richtingen uit te leggen en we lopen de trappen op naar boven, waar alleen maar kamers zijn. Alle trappen weer af om naar de kelder te gaan, waar een paar mensen aan het ontbijten zijn. Zo, onze ochtendgymnastiek kunnen we afvinken. De motorrijders, mannen en één vrouw, in hun warme en veilige cordura-kleding* zijn bijna klaar.

'We hebben een bedrijf in het organiseren van motorreizen, onder andere door enkele landen in Centraal-Azië. Wij zorgen voor het transport van de bagage en regelen de hotels. De rijders rijden in hun eigen tempo van A naar B. Er is een servicewagen bij motorpech,' vertelt de man die duidelijk de leiding heeft en graag een praatje maakt.

Jan, zelf een fanatieke motorrijder, luistert lichtelijk jaloers naar de man.

Een Chinees voert een luidruchtig gesprek en houdt geen rekening met anderen. Stoelen schuiven hard over de plavuizen vloer; alle geluiden weerkaatsen dubbel zo hard terug. De motorrijders leggen een stevige bodem voor de dag van vandaag. Zo gauw we klaar zijn, gaan we weg.

Er ligt een deurhanger op het bureau, *clean my room*. In onze kamer valt niks te *cleanen*, maar ik kan de verleiding niet weerstaan om het op te hangen. Ik vind het een toppunt van luxe.

Wanneer Jan wegrijdt, zet ik het verboden-te-parkeren-bord neer: afblijven dit is ons plekkie. Wat een decadentie en dat allemaal op de vroege ochtend.

In elke reis zit een dag die totaal anders verloopt dan gepland. Je weet alleen nooit van tevoren welke dag dat is. Wij gaan vrolijk op pad.

Jan heeft een route van circa honderd kilometer door de bergen, die de stad omringen, uitgezocht. Het is druk. Overal wordt gebouwd en staan grote machines scherp afgetekend tegen de lucht. Woonflats wisselen af met grote gebouwen. Whow, wat wordt daar een groot sportcomplex gebouwd. Fout. Wanneer we dichterbij komen zien we dat het een golfterrein is. Groene netten moeten voorkomen dat ballen op de weg of op de wagens belanden. Je zult als argeloze voorbijganger maar zo'n keiharde bal op je hoofd krijgen.

Drie baobabachtige bomen van roodmetalen draad staan als kunst aan de rand van de weg en de grote vlag van Oezbekistan wappert fier aan een paal. Enorme flatgebouwen zijn huis en haard voor duizenden mensen. Door de flats te schilderen in gele en oranje kleuren neemt het wat van de troosteloosheid weg. Elke flat heeft een balkon en een airco die als een dikke puist uit de muur steekt. Sommige zijn onderhevig aan betonrot. Iemand heeft op het bovenste balkon van de hoogste verdieping een extra balkon gemaakt. Houten balken zijn als een dak op het balkon geplaatst en daar bovenop is een extra kamer gemaakt. Zelfs vanuit de auto ziet het er doodeng uit.

De fruitstallen hebben plaatsgemaakt voor stallen met frisdrank. Hoewel fris? Op een tafel staat alles in de felle zon en de dag is nog jong. En dan rijden we een nieuwe weg op maar dat is niet de bedoeling. Een jonge agent maant ons naar de kant te gaan.

'Shit, mijn rijbewijs zit in mijn fototas en die ligt op de kamer,' zegt Jan.

De agent spreekt geen woord Engels, maar weet ons duidelijk te maken dat hij de autopapieren en Jan zijn rijbewijs wil zien

'*Google translate*,' gebiedt de man met een serieus gezicht.

Jan geeft hem de autopapieren en legt uit dat hij zijn rijbewijs heeft vergeten, maar dat we die op kunnen halen. Als toerist staan we per definitie met 3-0 achter en Jan volgt zijn bevel op. De agent spreekt iets in op de telefoon.

'Dan moet ik jullie wagen in beslag nemen,' lezen we.

We blijven rustig. Ik zoek mijn rijbewijs op en laat het aan de man zien. Waarom ik dat doe, weet ik zelf niet. Ondertussen maakt Jan de agent duidelijk dat zijn vrouw verder kan en wil rijden. Zijn vrouw denkt daar anders over, maar is zo verstandig niks te zeggen. Ik durf hier op deze rustige weg wel te rijden, maar geen haar op mijn hoofd die eraan denkt om achter het stuur in de grote stad te gaan zitten.

'Je krijgt een boete,' gaat de man verder.

'Prima,' zegt Jan. 'Daar zou ik in mijn land ook voor bekeurd worden.'

Het is duidelijk dat hij dit antwoord niet had verwacht en de agent kijkt ons licht verbouwereerd aan. Ondertussen zoek ik snel het telefoonnummer op van het verhuurbedrijf. Mocht het vervelend worden, kan zij misschien bemiddelen. Er rijdt amper verkeer op deze gloednieuwe weg en elke automobilist wordt aangehouden. Het is blijkbaar de bedoeling dat deze weg niet wordt gebruikt. Misschien moet er nog een lintje doorgeknipt worden? Agent heeft geen haast, wij ook niet. Hij neemt alle tijd voor de andere chauffeurs, die allemaal door mogen rijden, maakt een praatje met zijn collega in het houten wachthuisje, terwijl wij blijven staan. We blijven netjes, zijn niet ongeduldig, mopperen niet, terwijl ik me dood erger aan dit machtsvertoon.

'Wat gaan we doen?' vraagt meneer de agent.

Nou, dat is niet zo moeilijk wij willen graag verder.

'Gaan jullie de boete betalen? Kun je 30.000 sum betalen?'

Geen probleem en ik pak mijn portemonnee.

'Stop, ga in de auto zitten.'

Aha, dit wordt een bekeuring zonder bon, dat is duidelijk en ik ga snel in de wagen zitten.

'Betaal maar 19.000 sum en dan kunnen jullie gaan.'

Hij pakt het geld aan, verfrommelt het voordat ie het in zijn zak steekt én voordat zijn collega ziet waar hij mee bezig is. Ik ga gauw achter het stuur zitten.

'Jij mag rijden,' beduidt de man naar Jan.

Op ons gedrag viel niks af te dingen. Ik start de motor, we bedanken de man - geen idee waarom - en zo rijd ik mijn eerste meters op Oezbeekse wegen waar we al snel een leuk zaakje spotten: de koffie is dik verdiend.

'Heb ik nu een agent omgekocht of op de Oezbeekse manier een boete betaald?' vraag ik me hardop af.

Ik parkeer de wagen en we lopen naar binnen. Op onze vraag om koffie komt er geen enkel teken van herkenning op het gezicht van de vrouw achter de toonbank. Als ik een foto laat zien, knikt ze, ja, dat heeft ze wel. Een paar minuten later worden er twee grote bekers en een schaal met suikerklonten neergezet. Met behulp van Google krijgen we een beker melk. Jan pakt de bekers en de melk, loopt naar de wasbak en voorzichtig giet hij de hete melk bij de koffie die lekker smaakt.

Schuin tegenover ons zitten aan de overkant twee heren op een bankje. Ik loop ernaartoe. De jongere man weet me duidelijk te maken dat de heer op leeftijd zijn vader is, negentig jaar oud en een slechte rug heeft. Hij wijst op het korset dat de slanke vader draagt. Papa heeft lieve ogen en een rond mutsje strak op zijn hoofd. Hun vriendelijke lachen laten diverse gouden tanden zien.

De vrouw van het wegrestaurant wil graag met Jan op de foto. Kan geregeld worden. Ze vindt het zichtbaar leuk dat we zo genieten van haar koffie. We bedanken haar, groeten vader en zoon en gaan terug naar de stad. Ons ritje door de omgeving laten we voor wat het is. Jan rijdt feilloos naar het hotel, waar de schoonmaakploeg niet is geweest.

*Cordura is een soort textiel gemaakt van nylon. Het is licht materiaal, kan goed tegen zware belasting en is meestal waterafstotend.

Naar de kerk

Het is niet zo ver naar de kerk. Een paar keer zagen we iets gouds boven het groen uitsteken waarvan we direct wisten: dat is geen moskee. Maar wat dan wel? De kleur blauw geeft ons de indruk dat het een Russische kerk is. Ons gevoel heeft het bij het rechte eind. Het is de Kathedraal van de Ontslapenis van de Moeder Gods.

Vanaf ons hotel is het zes kilometer, maar in een stad als Tasjkent moet je daar de tijd voor nemen. Gelukkig heeft Jan het examen van de cursus 'hoe rijd ik zonder brokken te maken door Oezbekistan' met vlag en wimpel afgerond. Bij het naastgelegen ziekenhuis vinden we een plek voor de auto en we lopen naar het gebouw waar op gouden koepels orthodoxe kruizen staan. De kerk staat op een groot terrein waar Jan in zijn korte broek wel een rondje om het gebouw mag lopen, maar binnen zijn blote mannenbenen niet welkom. Mijn lange rok met bloesje wordt geschikt bevonden.

'Nu weet jij ook eens wat het is om niet correct ge-kleed te gaan,' lach ik, hoewel ik liever had dat hij naar binnen kon.

Binnen mogen geen foto's gemaakt worden, maar politiemensen mogen niet corrupt zijn. Ik kijk om me heen, ik ben alleen en maak er snel een paar van de kleurrijke fresco's die taferelen uit de Bijbel weerge-ven. Hier is alles goud wat er blinkt.

Er komt een vrouw de kerk binnenlopen, een sjaal bedekt haar haren, ze slaat een kruis, prevelt een gebed en steekt een kaars aan. Het is een gezellige boel in de kerk. De kleuren geven alles een blije uitstraling.

De moderne tijd wordt hier ook omarmd. Vanaf een groot tv-scherm spreekt de voorganger alle bezoekers toe; niet dat ik er maar een letter van begrijp. Door de ramen valt het licht royaal naar binnen. Mama Maria met Jezus is een afbeelding die ik overal zie. Relaxed loop ik rond voordat ik terugwandel naar buiten waar Jan geduldig op me staat te wachten.

Buiten staan meer gebouwen die bij deze kerk horen. Een rond gebouw, in de vorm en kleuren van een zoete taart met veel babyblauw erin verwerkt, trekt de aandacht. Een halfronde, marmeren trap met bewerkte leuningen brengt me naar een rond gebouw, aan de andere kant leidt een trap me weer naar beneden. Tussen de spijlen van het hek hangt was te drogen. Een deel van het gebouw staat in de steigers waarop twee mannen op wiebelige planken staan die los op het metalen steigerframe liggen. Ze stuken de buitenmuren.

Twee torens in de vorm van uien stralen ongehinderd tussen het groen. Ik vind het geweldig. Eigenlijk raar, in Nederland zou ik dit kitscherig vinden, maar hier vind ik het mooi, smaakvol en passend bij het land. Een groep jonge moslimvrouwen krijgt een rondleiding over het terrein. Mooi en bemoedigend dat men interesse in elkaar toont. De tuinen zien er verzorgd uit en de geur van rozen waait als een parfum over het terrein.

Dingen bekijken kost energie; we gaan op een terras zitten waar een bord hotdogs belooft. We bestellen er één. Het forse broodje is gevuld met drie knakworstjes, vleeswaren, een paar kwarteleitjes en een gele saus. Het bestek bestaat uit een vork en lepel. De vrouw ziet ons waarschijnlijk lichtelijk wanhopig kijken. Ze geeft ons beiden een bord en snijdt het brood vakkundig doormidden. Het lukt het ons om alles op te eten en met de nodige servetten kuisen we onszelf weer op.

De markt is en blijft een feestje. De grote koepels, liggen als halve bollen in de stad en wijzen ons van verre de weg. Het groen-blauwe tegelwerk op de daken doet niet onder voor de mozaïeken op de madrassa's en de moskeeën. Er stopt een vrieswagen volgeladen met bevroren koeien, geslacht, dat gelukkig wel. De karkassen worden uit de wagen gehaald en op de gereedstaande trolleys gelegd. Nou ja, gegooid.

Het fruit is prachtig, alles netjes gerangschikt op kleur en perziken staan uitnodigend klaar in witte bakken die keurig met grote, groene bladeren zijn afgedekt. Sommige vruchten zijn zorgvuldig per stuk verpakt. De bloemkolen en rode kolen herken ik van verre, en aardbeien worden per kilo verkocht. Een stevige vrouw zit jaloersmakend relaxed op de stoeprand; haar interesse gaat uit naar de telefoon in haar hand. Sommige vrouwen zijn zo dik aangekleed, de hoofddoeken zo strak om het hoofd met een dikke knoop onder de kin, dat ik het er benauwd van krijg. De schoenenlapper heeft zojuist een slipper gerepareerd en rust uit op zijn antieke naaimachine. Twee jongens, baseballpetje op, telefoon in de hand, hebben brood in de aanbieding waarvan ik aanneem dat het na een dagje buitenlucht verre van vers is. Bij de ingang zit een verkoopster van komkommers; ze probeert de laatste aan de vrouw te brengen. Veel verkopers zitten tussen of op hun spullen. Zij horen en zien alles en veren direct op wanneer zich een potentiële koper aandient. We zijn laat, diverse stallen zijn leeggeruimd of afgedekt met stukken plastic en doeken. Een broodverkoper dekt de koopwaar, alsof het een baby is, zorgvuldig toe in zijn kruiwagen. Een man rust uit op zijn loopwagen. Er komt een vrouw aan lopen met een kar gevuld met houten en plastic krukjes. De handel is slordig bij elkaar geknoopt en met een donderend kabaal rolt de helft ervan af. Handen schieten te hulp.

We wandelen naar buiten, waar de markt gewoon verder gaat. Veel winkels gebruiken de stoep als een ver-
lengstuk van de zaak, waar de mensen zich moeiteloos
omheen bewegen. Tussen de straatwinkeltjes staan
wasrekken. Een jochie trekt een aan touw een houten
kar voort waar zijn kleine broertje in zit.

We lopen verder naar de kruidenafdeling waar ik een
pakket met allerlei kruiden en een grote zak kerrie-
poeder koop.

Kun je zonder aardewerk dit land verlaten? Het
aardewerk is net zo bont en vrolijk als het land. Alle
kleuren van de regenboog en kleuren waarvan ik het
bestaan niet wist, zijn terug te zien in schalen, borden
en serviesgoed. Ik zoek een schaal uit die perfect in
onze kamer zal staan.

Voldaan gaan we op het terras zitten waar we weken
geleden onze reis zijn begonnen en bestellen een cappuccino.

Naar de bergen

Het is druilerig en we willen naar de bergen; niet de beste combinatie. Het kan toch opknappen denken we positief?

'Dan wil ik bij die mannen waar we gisteren zijn aangehouden vragen hoe we moeten rijden. We hebben per slot van rekening niks verkeerds gedaan,' zegt Jan.

'Mm, vind je dat nu een goed idee? Lijkt me niks en ik wil het lot niet tarten.'

'Dan kunnen we bij die leuke vrouw weer koffiedrinken,' gaat hij verder op een toon alsof hij me om wil kopen. 'Ik ben aan het googelen geweest en als de informatie klopt, was het de presidentiële weg waar we gisteren bij toeval op reden. Daarom zijn we natuurlijk aangehouden. Er moet een andere weg zijn richting de bergen. Ik durf de gok aan.'

Vooruit dan, we ruimen alles op, geven de bagage in bewaring en stappen in: op weg naar de bergen, de politie en de koffie.

De vrouw herkent ons onmiddellijk, weet dat we alleen koffie met melk willen en niet veel later zet ze twee grote mokken op tafel.

'Dit is mijn kleinzoon,' zegt opa en duwt een puber naar voren, alsof het een gewonnen trofee is.

De knaap lacht verlegen, stelt zich voor en vertelt dat hij Engels spreekt. Bij elk Engels woord dat zijn mond verlaat groeit opa van trots. Nederland is weer een leeg woord. We maken een praatje, complimenteren hem met zijn goede Engels en wensen hem veel succes op school. Opa is tevreden, de jongen opgelucht.

Het is en blijft somber, de beloofde vergezichten zijn achter dikke wolken verstopt. Wij rijden dapper verder alsof er iets afgevinkt moet worden. We schrikken! Een vrouw met een peuter op de arm loopt snel voor onze wagen langs. We stoppen bij de spiksplinternieuwe weg waar geen verkeer te zien is. De agenten zijn andere en Jan krijgt goede aanwijzingen.

'Zie maar, niks aan het handje,' zegt hij met een grijns van oor tot oor.

'Mm, jij hebt geen agent zwart betaald, maar ik wel.'

Er wordt hard aan de weg gewerkt. Grote kranen laten ons nietig lijken. De aardbeienkramen worden ingericht en sommige dames doen zo vroeg goede zaken. Jan stuurt de wagen door Toshqizoq, richting de bergen. De vuilniswagen maakt zijn rondje, vrouwen werken in de bermen en rapen het afval bij elkaar. Een vrachtwagen vol beton kreunt moeizaam de helling op.

Een bord attendeert ons op een toilet in aanbouw. Geen enkel toilet schrikt me af en ik loop ernaartoe. Maar, dan moet er wel een toilet zijn of iets dat erop lijkt. De deur sluit niet en binnen kan ik geen wc-pot of gat in de grond ontdekken... De tweeduizend sum neem ik weer mee.

'Daar moet een meer met een uitkijkpunt zijn,' wijst Jan naar rechts waar alles in nevelen is gehuld.

Ik neem het graag aan. Oezbeekse vrouwen laten zich niet tegenhouden door het trieste weer. Vandaag zijn de dames een dagje uit en genieten zullen ze en hun telefoons maken de ene na de andere foto. Er staan twee quadmotoren; de vrouwen stappen om de beurt op een motor en poseren voor de camera's van hun vriendinnen. Drie vrouwen staan naast elkaar in de mist te turen alsof ze verwachten dat het weer ineens beter zal worden en het grijze uitzicht zijn geheimen prijs zal geven. Wij gaan verder en passeren een pilaar van beton waar een grote, gouden appel op staat.

Zowaar, het weer begint op te knappen, de mistflarden trekken op en tere kleuren groen komen tevoorschijn. Wat een waardig afscheid van een schitterend land. We kijken elkaar aan: het is tijd om de wagen weg te brengen.

Jan rijdt terug naar de stad en rechtstreeks naar het verhuurbedrijf. Voldaan en meer dan tevreden leveren we de auto in bij Sixt. Nadine loopt langs de wagen en alles is oké.

'Ik heb alleen nog een bekeuring voor jullie,' zegt ze op een toon alsof ze een presentje voor ons heeft.

Ze laat een filmpje zien van onze auto die door een rood licht rijdt. Geen idee waar, maar we bekennen onmiddellijk schuld. De boete bedraagt omgerekend 12,30 euro.

'Ik zal een taxi voor jullie bellen die je naar het hotel kan brengen. We werken met betrouwbare chauffeurs,' en geeft ons een papier waar het nummerbord op staat.

'Dit is het kenteken van de wagen, dan weten jullie dat je de juiste hebt.'

We lopen naar buiten en daar komt de auto met het juiste nummer al aan. De man rijdt ons vlot terug naar het hotel waar we onze spullen pakken en het personeel bedanken voor hun goede zorgen. Een taxi is snel geregeld en binnen een kwartier zijn we op het vliegveld.

'*Spain*?' vraagt de douanebeambte als we onze paspoorten op het vliegveld laten zien.

'*No, no. Hollande.*'

'Aha, Virgil van Dijk,' zegt de man.

Tevreden loop ik door.

Plov

Wat heb je nodig?

300 gram basmati rijst
300 gram shoarmareepjes
2 grote uien
3 tenen knoflook
3 grote wortels
100 gr. rozijnen of abrikozen (tutti frutti kan ook)
1 liter water
1 groentebouillonblokje
5 laurierbladeren
2 theelepeltjes gemalen komijnzaad
zonnebloemolie

Laat de rozijnen/abrikozen/tutti frutti wellen. Maak de wortels schoon en snijd deze in blokjes. Hak de knoflook fijn en snij de ui in halve ringen. Verhit olie in een grote braadpan en fruit hierin de knoflook en ui op een laag vuur. Voeg na ongeveer 3 minuten de wortel toe en bak deze 5 minuten mee, voeg daarna de komijn toe. Voeg nu de rijst en rozijnen of waar je ook maar voor gekozen hebt toe. Indien nodig iets olie toevoegen. Verkruimel het groentebouillonblokje erboven en meng alles goed. Blus het geheel met kokend water tot de rijst net onder water staat. Voeg de laurierbladeren toe, alles goed doorroeren, deksel op de pan. Zet het vuur laag en laat het geheel langzaam garen, regelmatig omscheppen. Wanneer alles droog is het water erbij doen. Na ongeveer 25 minuten is de plov gaar. De shoarmareepjes opbakken in olie. Je kunt het vlees door de plov roeren of er los bij serveren. Vergeet niet om de laurierblaadjes eruit te vissen!

Eet smakelijk!

Bibliografie van Ada

Wombat midi (papieren en e-book* op www.bol.com en www.bod.de)

In de straten van Opuwo
op reis door Namibië
Langs de Okavango
een reis door het noorden van Namibië en Botswana
De marktvrouw van Basse-Terre
op verkenning in Guadeloupe
Kaapverdië
Het zout van Sal

kleintje Wombat (papieren en e-book op www.bol.com en www.bod.de)

De zuilen van Jerash
op reis door Jordanië (eerder verschenen onder de titel *Woestijnkastelen en Stadskamelen*)
De olifanten van Botswana
met een 4x4 door Moremi en Chobe
De vissers van Tanji
op reis in The Gambia (tweede druk)
De dhows van Sur
op reis door Oman
De vrouwen van Kafountine
op reis door Gambia en de Casamance in Senegal
De muren van Kubuneh
op reis door Gambia en Zuid-Senegal
De zebra's van Namibië
De baobabs van Morondava
op reis door Madagaskar
De weg naar Tendaba
reizen door Gambia
De reigerkoning van Ganvié
op reis door Benin

Speciaal kleintje Wombat
Reizen en Schrijven, 2021
Alles over het schrijven en uitgeven van je eigen (reis)-
boek.

Wombat reisboeken (te bestellen via
info@boekenplan.nl)

Starende beelden op Rapa Nui
een reis van Paaseiland naar Peru
Ghana… een reis op het ritme van de drums
Tweede, herziene druk
In Namibië
kampeerreizen door het leegste land van Afrika
In het Duits verschenen als ***In Namibia***
Myanmar
reizen door het Gouden Land (eerder verschenen als
Myanmar… op blote voeten door het Gouden Land)
Is als tweede druk geheel aangepast.
De drums van TIMKAT
een reis door Ethiopië
In Boeddha's schaduw
een reis door China en Tibet

Op https://www.adarosman.nl/uitverkochte-boeken/ een
lijst met titels die alleen tweedehands te verkrijgen zijn.

In de serie **Twee vrouwen Twee reizen**

Anika Redhed & Ada Rosman-Kleinjan

JORDANIË
OMAN

Ben je na het lezen van dit boek, of na het lezen van een van mijn andere boeken nieuwsgierig geworden naar meer verhalen? Kijk op **www.adarosman.nl** voor lezingen die door Jan worden gegeven. Ook vind je op deze site alle informatie over mijn boeken. Een paar keer per jaar komt er een Wombat-nieuwsbrief uit met de laatste info over onze reizen, mijn boeken, Jan zijn lezingen en leuke tips voor reizigers en/of lezers. Stuur een mail en je naam wordt op de lijst gezet.

Op Instagram vind je mij als **ada.rosman.kleinjan**. Op Facebook plaats ik op de pagina **Wombat reisboeken** elke dag een mooie foto.
Tijdens onze reizen kun je ons volgen via Polarsteps, zoek dan op Jan Rosman. Hij plaatst daar, als het lukt, dagelijks foto's. Ook leuk voor de liefhebber van routes, afstanden en andere feitjes. Ik plaats tijdens het reizen regelmatig een blog op mijn website.

Reageren? Wat vragen? Gesigneerd boek bestellen? Sommige titels heb ik zelf op voorraad. Interesse in een boeiende lezing? Foto-expositie? Wij hebben tientallen, ingelijste foto's beschikbaar voor exposities.
Ik hoor graag van je.

Ada Rosman-Kleinjan * reizen en schrijven
e info@adarosman.nl
www.adarosman.nl
KvK Enschede 0818953

* Lezers kunnen op geen enkele wijze rechten ontlenen aan de informatie zoals die is beschreven in dit boek.